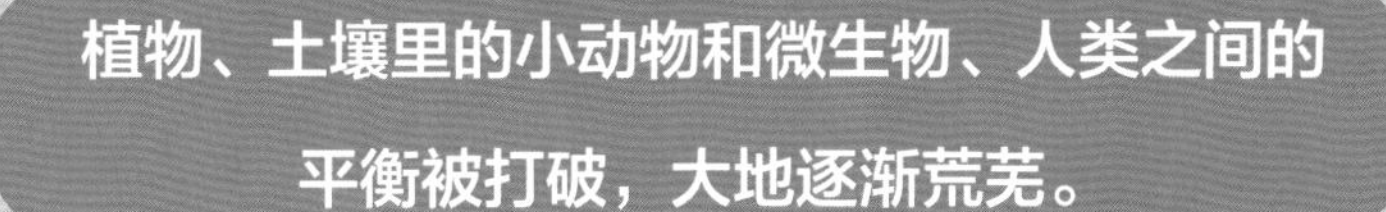
植物、土壤里的小动物和微生物、人类之间的平衡被打破，大地逐渐荒芜。

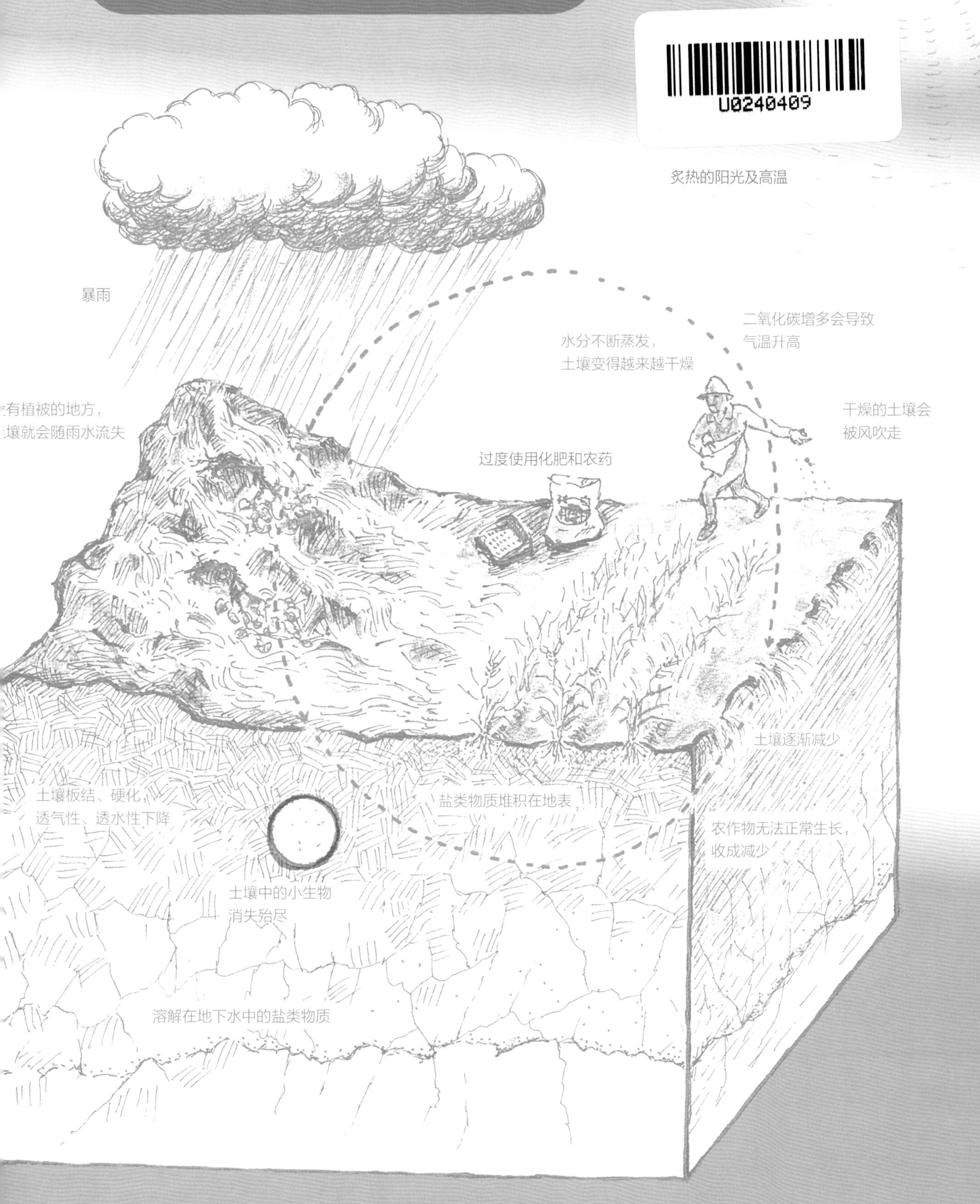

大地的力量

〔日〕加古里子◎著　戴　黛◎译

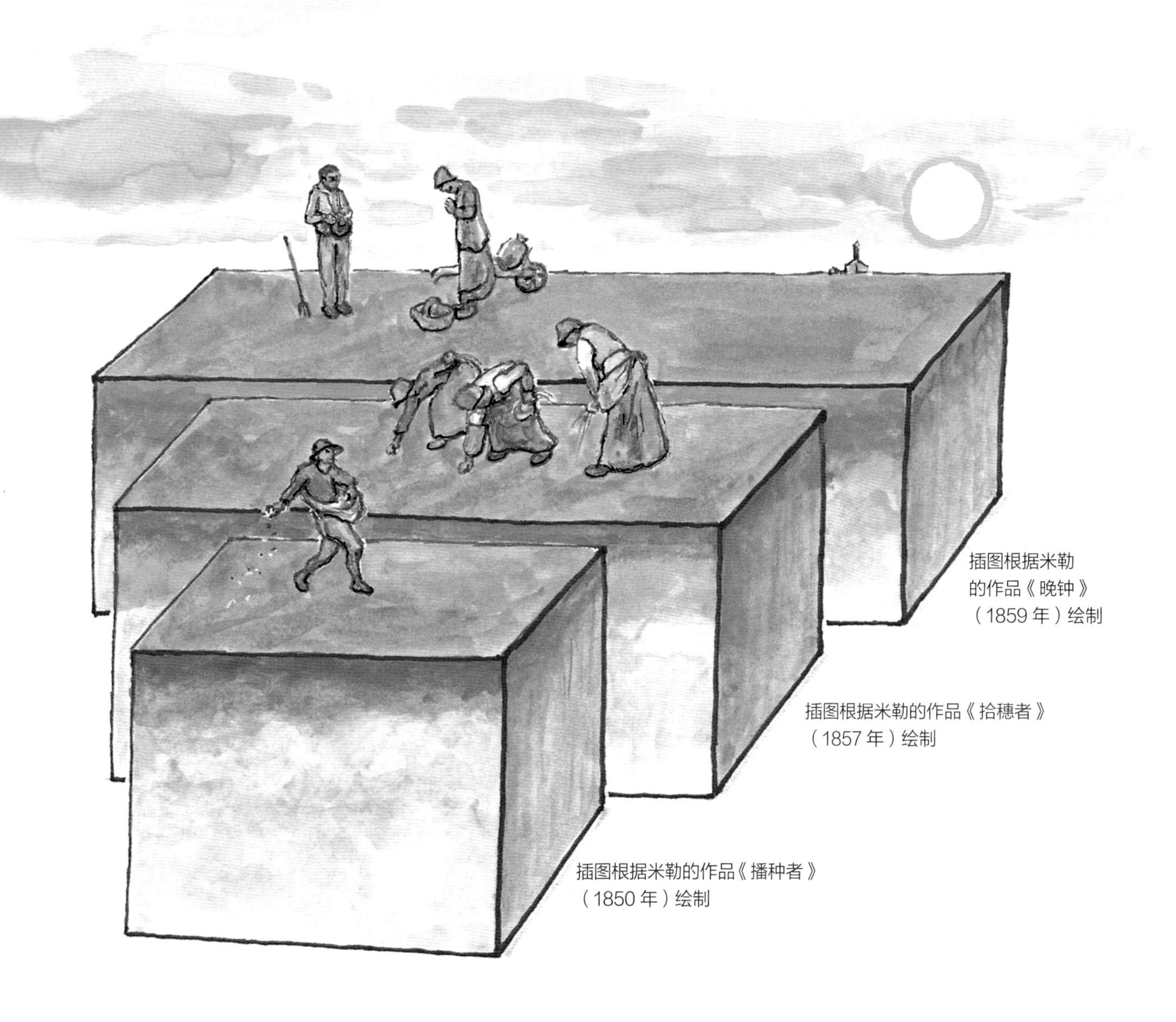

插图根据米勒的作品《晚钟》（1859年）绘制

插图根据米勒的作品《拾穗者》（1857年）绘制

插图根据米勒的作品《播种者》（1850年）绘制

北京科学技术出版社

1. “大地”是什么？为什么我们称之为“大地”？

一般来说，
我们将一片广阔而平坦的土地
称为“大地”。
没有崇山峻岭，也没有悬崖峭壁，
大地是一片覆盖着厚厚土壤的、
辽阔而平缓的土地。

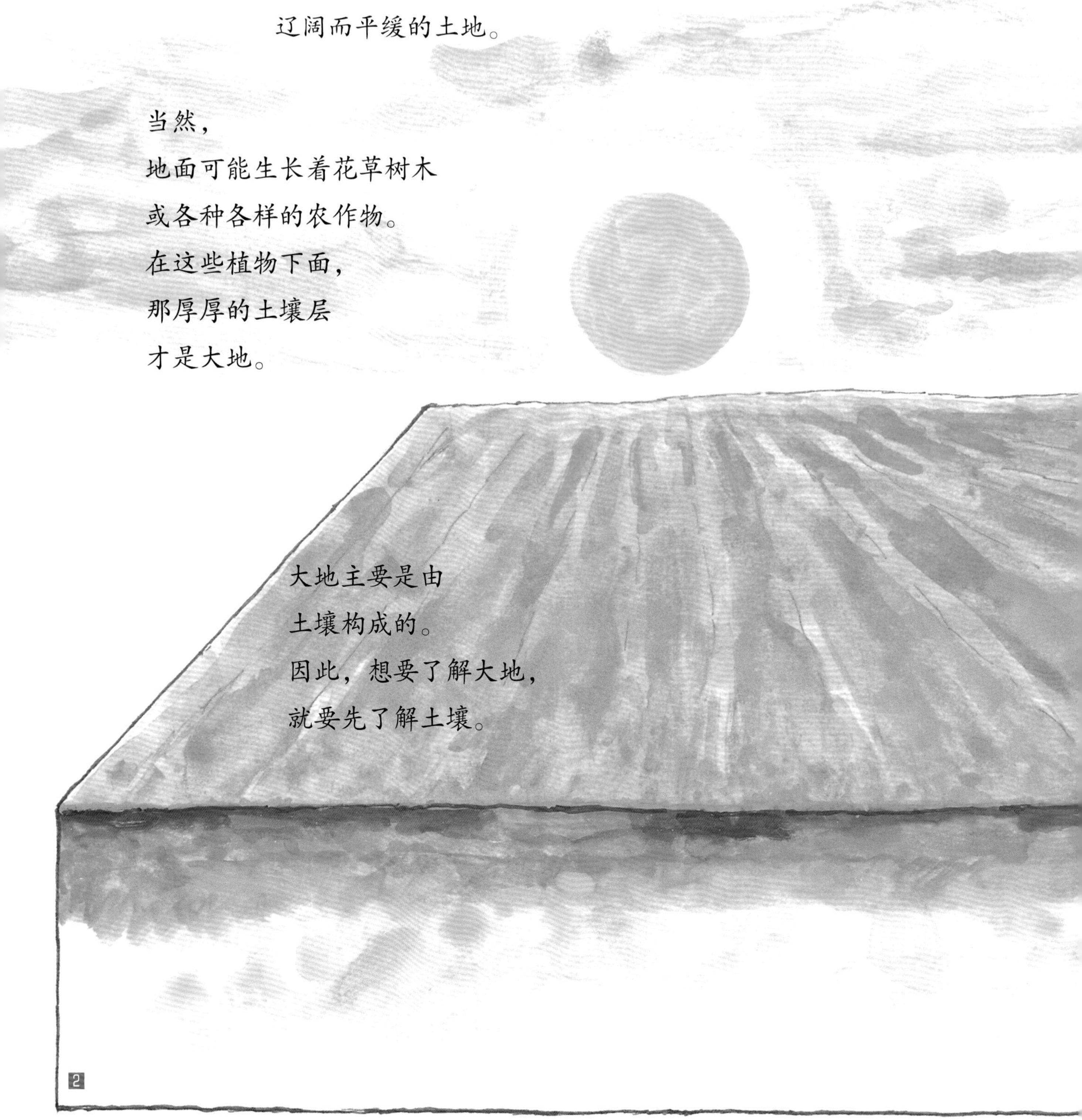

当然，
地面可能生长着花草树木
或各种各样的农作物。
在这些植物下面，
那厚厚的土壤层
才是大地。

大地主要是由
土壤构成的。
因此，想要了解大地，
就要先了解土壤。

但是，为什么要特意加一个“大”字，
将土地称为大地呢？

用这个“大”字是为了表现土地的广袤。
而且，大地上面是无垠的天空，
将土地称为“大地”
大概也是为了和“天空”相呼应吧？

大地究竟为何被称为“大地”？
大地与天空之间又有何种联系？
让我们
一边思考，
一边去探索
大地的奥秘吧！

插图根据米勒的作品《播种者》（1850 年）绘制

2. 土壤是如何形成的？

50 亿年前

宇宙中飘浮的星际尘埃和气体
在太阳周围慢慢聚集。

土壤是什么时候形成的？又是如何形成的？

地球上所有的土壤
都是由坚硬的岩石变化而来的。

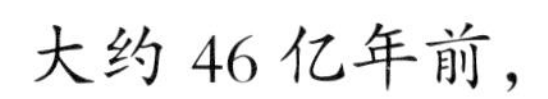

大约 46 亿年前，
飘浮在宇宙中的星际尘埃和气体聚集到一起，
慢慢形成了地球。
地球刚刚诞生时，温度极高，
是一个由黏糊糊的岩浆构成的星球。

后来，又过了很久很久，地球才逐渐冷却下来。
地球表面的岩浆随之凝固变硬，形成了最初的岩石。

在数万年、数十万年间，
由于地球内部的运动，这些岩石相互碰撞挤压，
不仅形成了众多山脉，还可能引发了剧烈的地震。

岩石互相碰撞挤压，
就会产生裂纹，
而后逐渐崩裂瓦解，
变成许多碎石块
和小石子。
这些碎石块和小石子
继续相互碰撞，
逐渐变得粉碎，最后变成细细的沙子。

岩石产生裂纹，

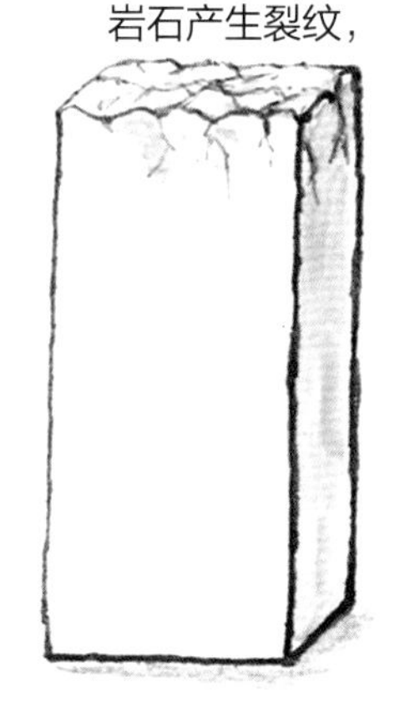

逐渐崩裂瓦解，

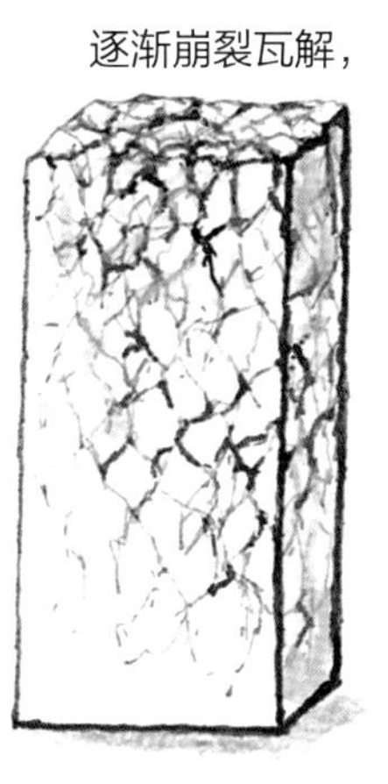

变成细细的沙子

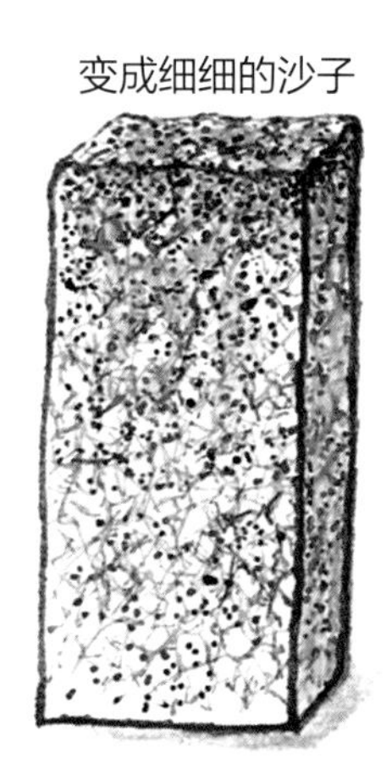

＊随着天气的变化，岩石有时变热，有时变冷、冻结，有时又逐渐解冻。如此往复，岩石就会逐渐崩裂瓦解，变成细细的沙子。

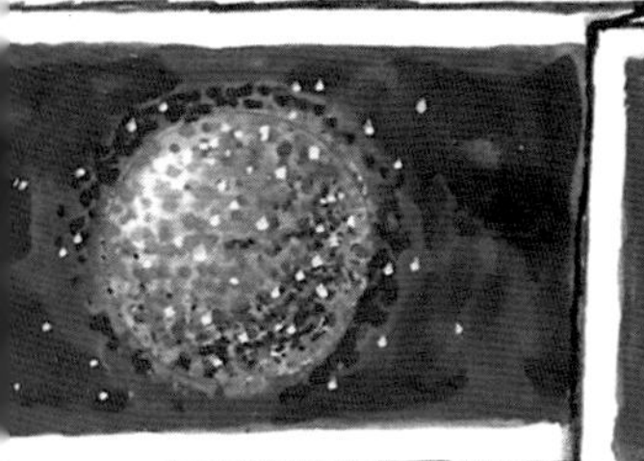

46 亿年前

其中的一团星际尘埃和气体逐渐吸收了更多的星际尘埃，越聚越大。

一个坚固的星球形成了，这就是原始的地球。

40 亿年前

地球刚刚诞生时，不断有陨石等落在上面并释放出热量。在这些热量的作用下，地球一直处于高温状态，于是就成了一个岩浆球。

最终，地球表面冷却，岩浆凝固后形成了岩石。地球周围的水蒸气凝结成雨水，落在地球上，就形成了海洋。如今的地球大致就是这样形成的。

细细的沙子
积聚在低洼的地方，逐渐变多。
就这样，由地球上的岩石形成的沙子
就成了构成土壤的基础成分之一。

但只是沙子聚在一起并不能形成土壤，
因为土壤不是由沙子一种成分构成的，
沙子只是土壤的成分之一。

一般来说，这三种都可以叫作沙子

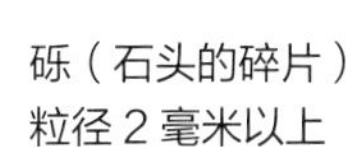

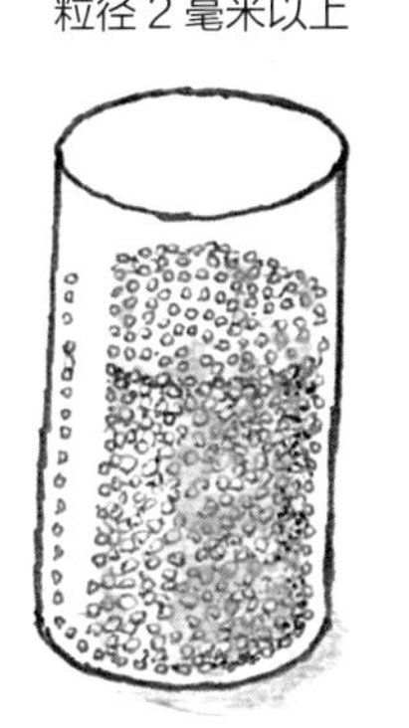

粗沙
粒径 0.25~2 毫米

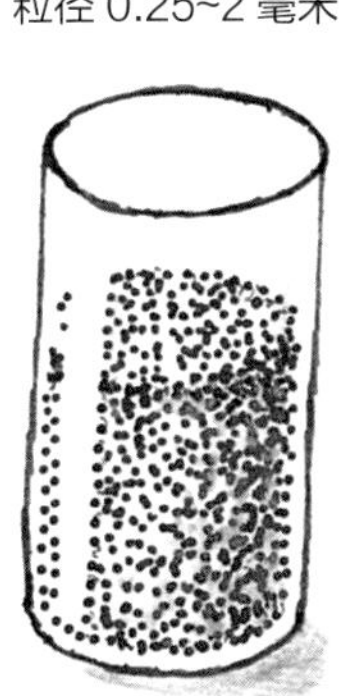

中沙
粒径 0.05~0.25 毫米

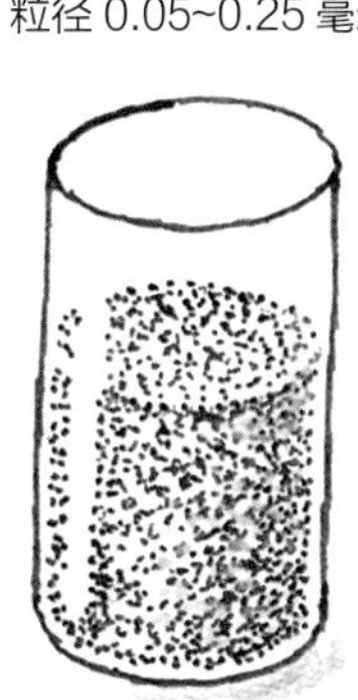

细沙（很细的沙子）
粒径 0.01~0.05 毫米

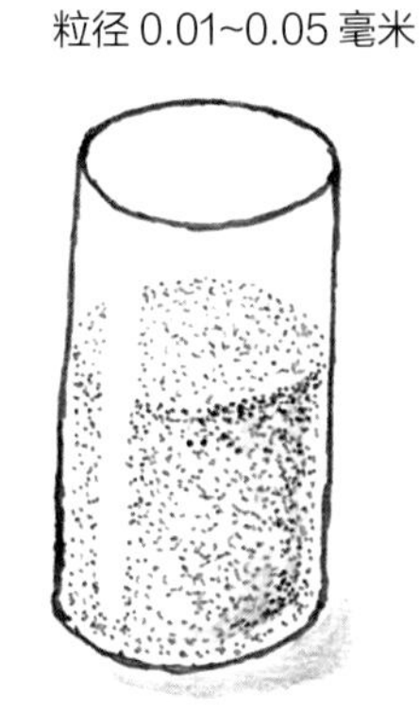

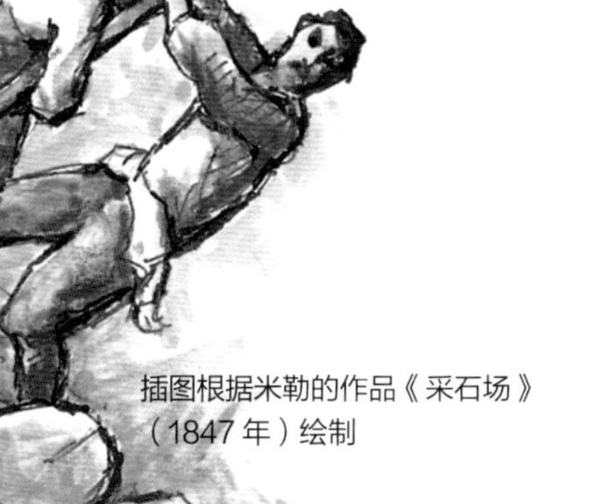

插图根据米勒的作品《采石场》（1847 年）绘制

沙子颗粒示意图

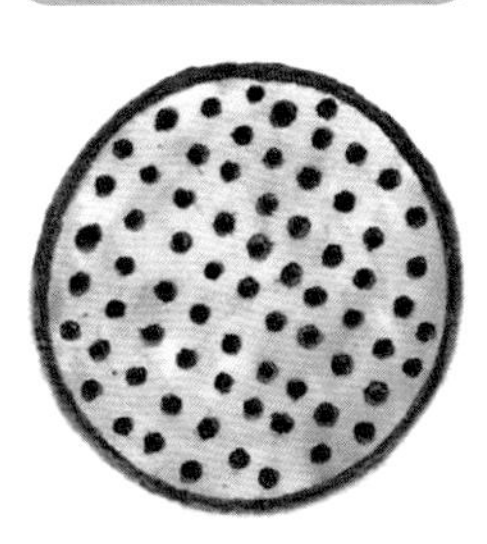

沙子是岩石粉碎后形成的粒径为 0.01 ~ 2 毫米的颗粒。岩石和由其形成的沙子具有相同的性质。沙粒聚集在一起时，缝隙间会有很多空气和水分。

3. 构成土壤的细小粉末

岩石、碎石子、沙子，经年累月，
受风、雾及阳光的影响，
表面性质逐渐发生变化，变得越来越脆弱。

然后，经过雨雪的洗礼，它们变得更碎、更小，汇入雨水、雪水中。
这些水随后积聚在低洼的地方，
蒸发之后，就会留下一些白色的粉末。

再后来，白色粉末积聚起来，越积越多，
最后就形成了一种名为黏土的东西。

*岩石长时间受阳光照射以及降雨、降雪的影响，会渐渐发生变化。在这些自然力量的作用下，岩石受到破坏或发生分解的现象被称为“风化”。岩石风化后会逐渐变成黏土。据悉，全球每年由岩石风化形成的黏土大约有 600 亿吨。（出自北野康 1980 年的著作）

岩石风化的多种原因

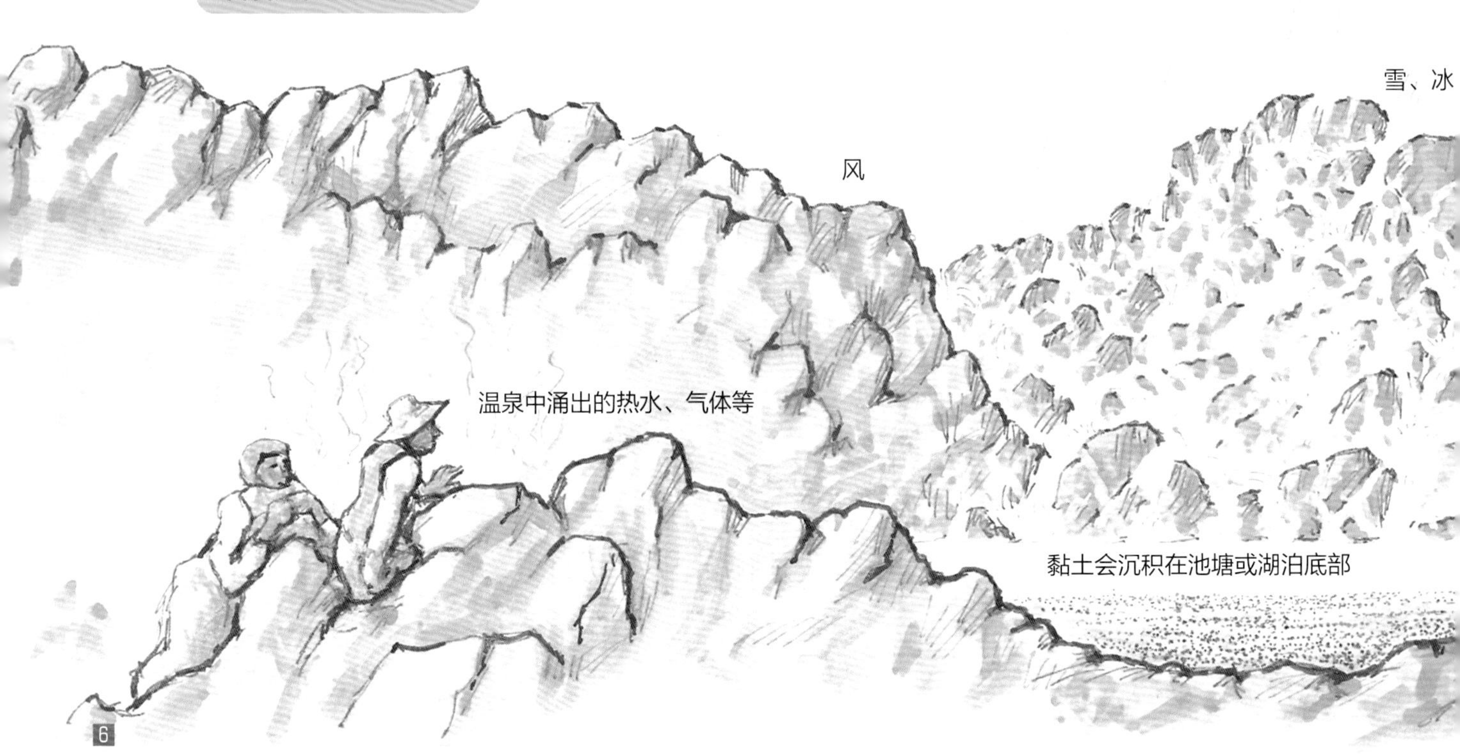

将黏土捏成想要的形状，再加以烧制就成了陶器。

插图根据米勒的作品《休息的收割者》（1853 年）绘制

不同岩石形成的黏土、不同地方沉积下来的黏土，
甚至沉积时间长短不一样的黏土在颜色、性质方面都有差异。
此外，构成黏土的颗粒比沙粒细很多，
因此水分很难渗入黏土颗粒间。
在黏土中加入水，黏土就会变成软软的、具有黏性的泥团。
将泥团捏成各种形状，晾干后再用火烧制，
就能做出坚硬的陶器。人类在很久很久以前
就已经掌握了这种用黏土制作陶器的技术了。

就这样，黏土与沙子一起
构成了土壤的主体部分。
岩石变成沙子或黏土并不需要很长时间。
但沙子和黏土混合在一起，
还算不上土壤。
土壤中还有一种不可或缺的成分。

沙子和黏土颗粒大小的差别

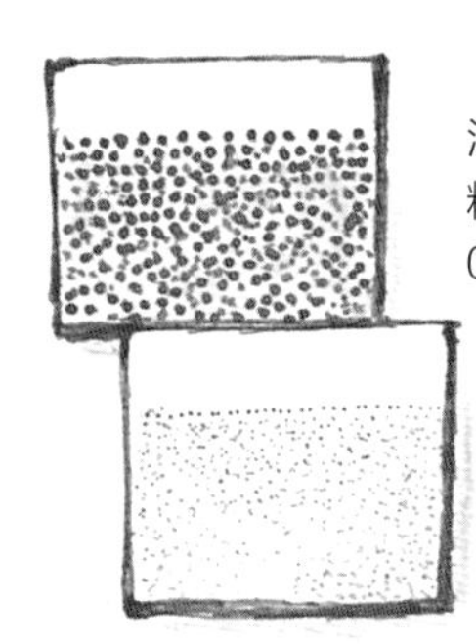

插图根据米勒的作品《休息的收割者》（1853 年）绘制

黏土颗粒集合示意图

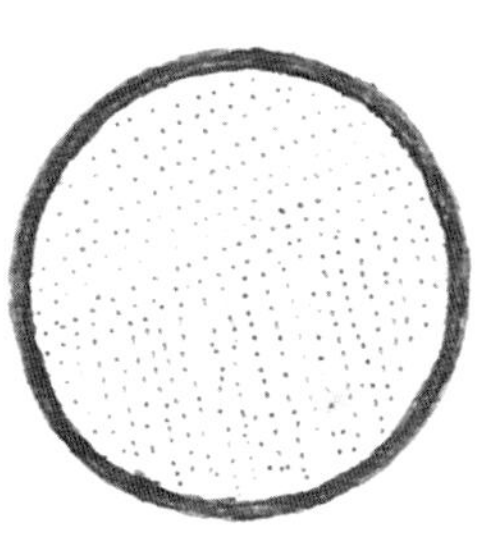

黏土是粒径小于 0.01 毫米的颗粒集合，是岩石中的铝、铁、硅等元素在漫长的岁月中逐渐风化形成的。黏土颗粒极其细小，因此水或空气都很难从黏土颗粒间通过。

4. 土壤不可或缺的成分

如果仔细观察土壤的成分，你就能发现，
除了沙子和黏土，土壤中还掺杂着
一些形状各异的黑色物质。
这些黑色物质是生长在地面的植物腐烂解体后，
又经过了很长时间，逐渐被分解而形成的。

这些物质被称为“腐殖质”，
是动植物腐烂后形成的物质。
土壤通常是深褐色或黑褐色的，
这是沙子、黏土与腐殖质等混合在一起呈现出的颜色。

＊土壤不是纯黑色的，通常呈深褐色或黑褐色。

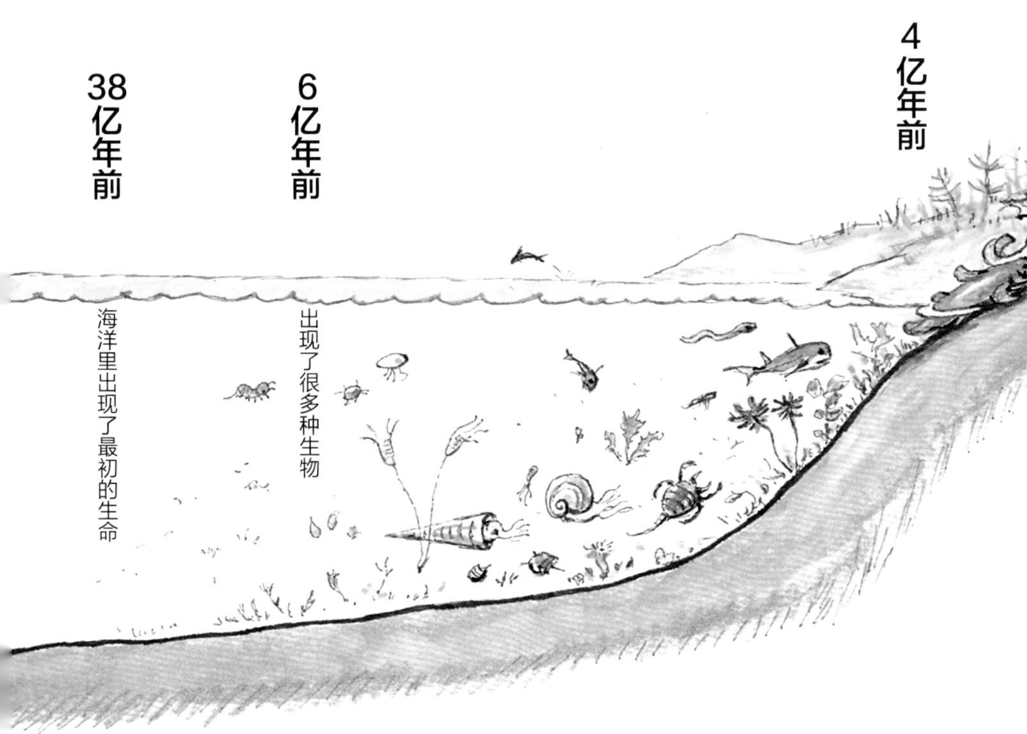

＊土壤的颜色
土壤的颜色多种多样。铁元素、沙子、黏土、腐殖质在土壤中的比例不同，土壤颜色也不同，可能会呈现出白、黄、红、绿、红褐、深褐、黑褐等颜色。

腐殖质颗粒示意图

腐殖质主要是植物枯萎腐烂后，被水溶解或被微生物分解后留下来的形态各异、成分复杂的有机物，其中还混杂着正在分解或还没有完全腐烂的部分。因此从化学角度来讲，腐殖质是一种成分不固定的混合物。此外，动物的尸体、粪便等物质也能变成腐殖质。但总的来说，植物仍是腐殖质的主要来源。

大约 38 亿年前，地球上出现了最初的生命。
自那时起，各种各样的生物逐渐出现在地球上。

大约 4 亿年前，
海洋中的一些藻类逐渐适应了陆地环境。
追随它们的步伐，
海洋中的一些动物也上了岸，
逐渐适应了陆地生活。

* 据悉，现在地球上有 30 多万种植物、150 多万种动物。

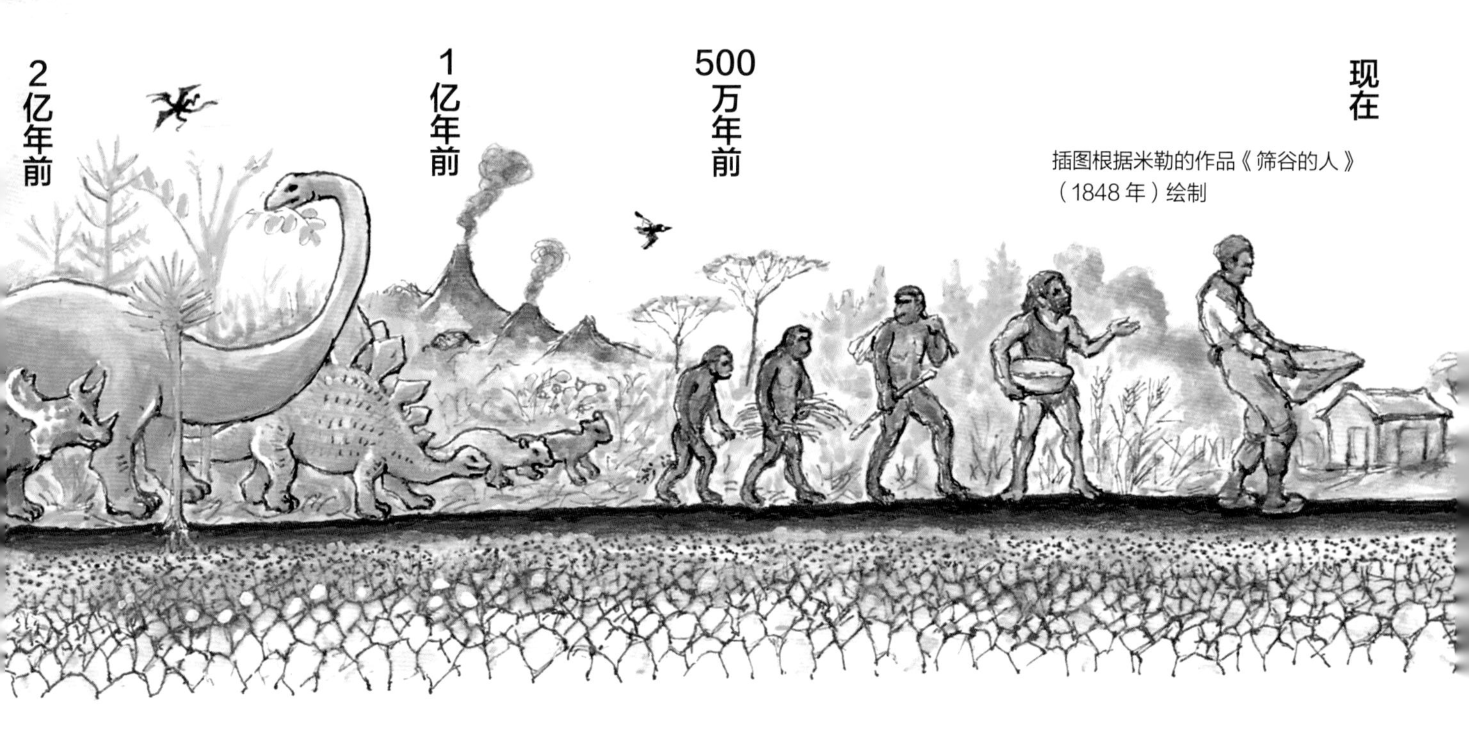

插图根据米勒的作品《筛谷的人》（1848 年）绘制

在地球上刚形成海洋的那个时期，
陆地上只有岩石、沙子和黏土。
但从植物在陆地上生根发芽之日起，
腐殖质就随之产生了。
至此，构成土壤的几种主要成分终于齐了，
土壤这才出现在地球上。

* 土壤形成的速度
腐殖质积聚起来，再和沙子、黏土混合，就形成了土壤。按照这个进程，一年积聚下来的土壤只有 0.05~0.1 毫米厚。但农田里 1 厘米厚的土壤需要 200~300 年的时间才能形成。（出自松本聪 1998 年的著作）

就这样，从 4 亿年前开始，
日复一日，年复一年，土壤积少成多，
地球上终于有了大地。

5. 土壤中的生物

后来，这些慢慢积聚下来的土壤中，
又悄无声息地发生了一件不得了的事情！
那就是各种各样的生物
在土壤里定居下来了！

大片的土壤中，
不仅住着鼹鼠、老鼠，
还住着蚯蚓、马陆、跳虫、蜱虫，
以及用肉眼无法看到的细菌等。
在土壤中生活的生物多到令人难以置信。
土壤中住进来众多“居民”之后，
又发生了三件大事，一起来了解一下吧。

＊土壤中的生物
土壤的性质和状况、季节、地点不同，土壤中的生物也会有很大的不同，所以我们汇总多份资料，大致总结出了土壤中的生物。（出自都留信也 1972 年的著作和岩田进午 1985 年的著作）

第一件大事，土壤中既有以腐烂落叶为食的昆虫，又有以昆虫吃过的落叶残渣为食的小生物，它们一起将土壤 “打扫”得干干净净。

此外，土壤中不仅有依附于较大的生物生活的细菌，
还有以霉菌为食的昆虫。
也就是说，较大的生物和较小的生物相互依存，
它们互惠互利，共同生活在土壤中。

居住在土壤中的小动物（哺乳动物、爬行动物、昆虫等）

＊动物体长为 1 毫米 ~20 厘米。括号中的数量为每平方米土地中该物种个体的数量。

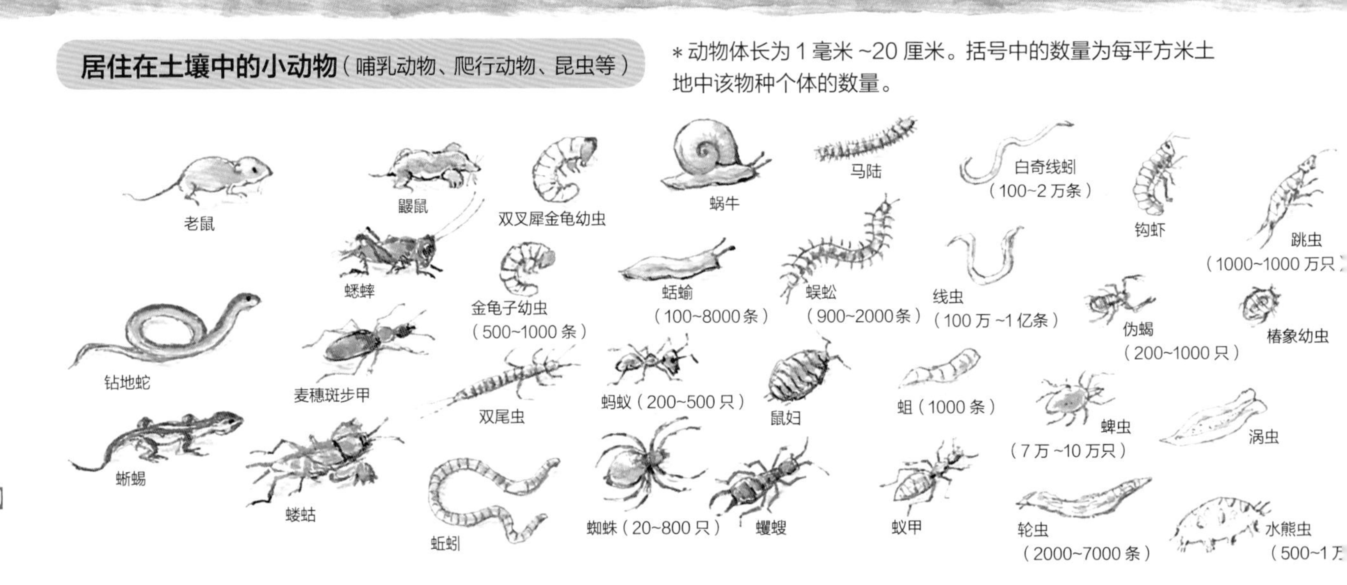

第二件大事，居住在土壤中的小动物和微生物
挖了很多条通道。
它们不仅会将自己周围的土弄松，
也会在土壤中四处活动，挖一些能让身体通过的通道。
它们活动后会留下大大小小的通道，空气就可以沿着这些通道流动。

这些通道不仅为其他小生物的生活提供了便利，
也有助于植物的根部进行呼吸。
如此一来，这片土壤就成了适合植物、动物共同生活的美好家园。

第三件大事，土壤中的生物会从嘴或身体的其他部分分泌出体液，
排出粪便，最终死去。

它们的体液、粪便、尸体与土壤混在一起
就形成了一种黑色的、黏黏的腐殖质。

＊黏黏的腐殖质
这里指动物制造的、新鲜而具有黏性的腐殖质。
（详细说明见下一页）

就这样，沙子、黏土和腐殖质一起构成了
土壤的物质基础。
此时，各种微生物又加入进来，
于是土壤世界又发生了翻天覆地的变化！
究竟发生了怎样的变化呢？

插图根据米勒的作品《年轻姑娘》（1845年）绘制

土壤中的微生物

＊括号中的数量为每克土壤中所含的该物种个体的数量。

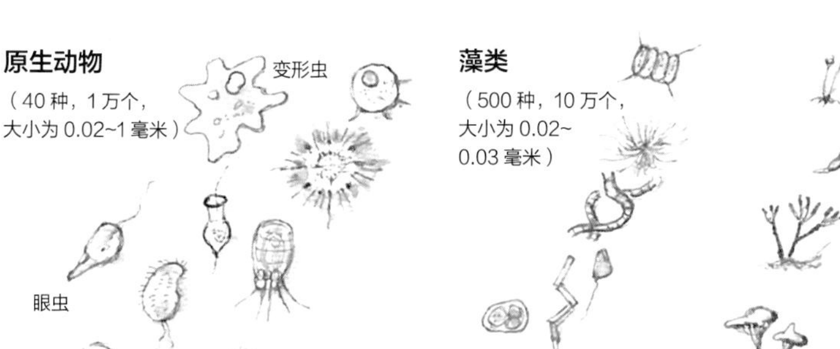

细菌
（1000万~2000万个，
大小为0.002~0.01毫米）

病毒
（100万个，
大小为0.00002~
0.0005毫米）

6. 土壤中神奇的小丸子

土壤中的生物制造了

黑乎乎、黏黏的腐殖质之后，土壤中又发生了一件怪事，

一种奇特的东西出现了！

原来，这种黑乎乎、黏黏的腐殖质

和沙子、黏土粘在一起，

形成了很多小丸子。

＊黏黏的腐殖质
动物制造的腐殖质中含有一种像口香糖一样的物质，能像胶水一样将东西粘在一起。以蚯蚓为例，众所周知，蚯蚓以土壤为食，而经过蚯蚓消化后排出的土壤很容易形成团粒结构。（出自岩田进午 1985 年的著作）

虽然说是小丸子，但这些小小的土粒

并不都是圆滚滚的，它们有的是椭圆形的，

有的是凹凸不平的不规则形状。

总之，我们在本书中就暂且将其称为“小丸子”吧。

＊小丸子
这些小丸子粒径为 1～10 毫米，形状各异，学者们称其为“团粒”。

成分比例不同的土壤的透水性示意图

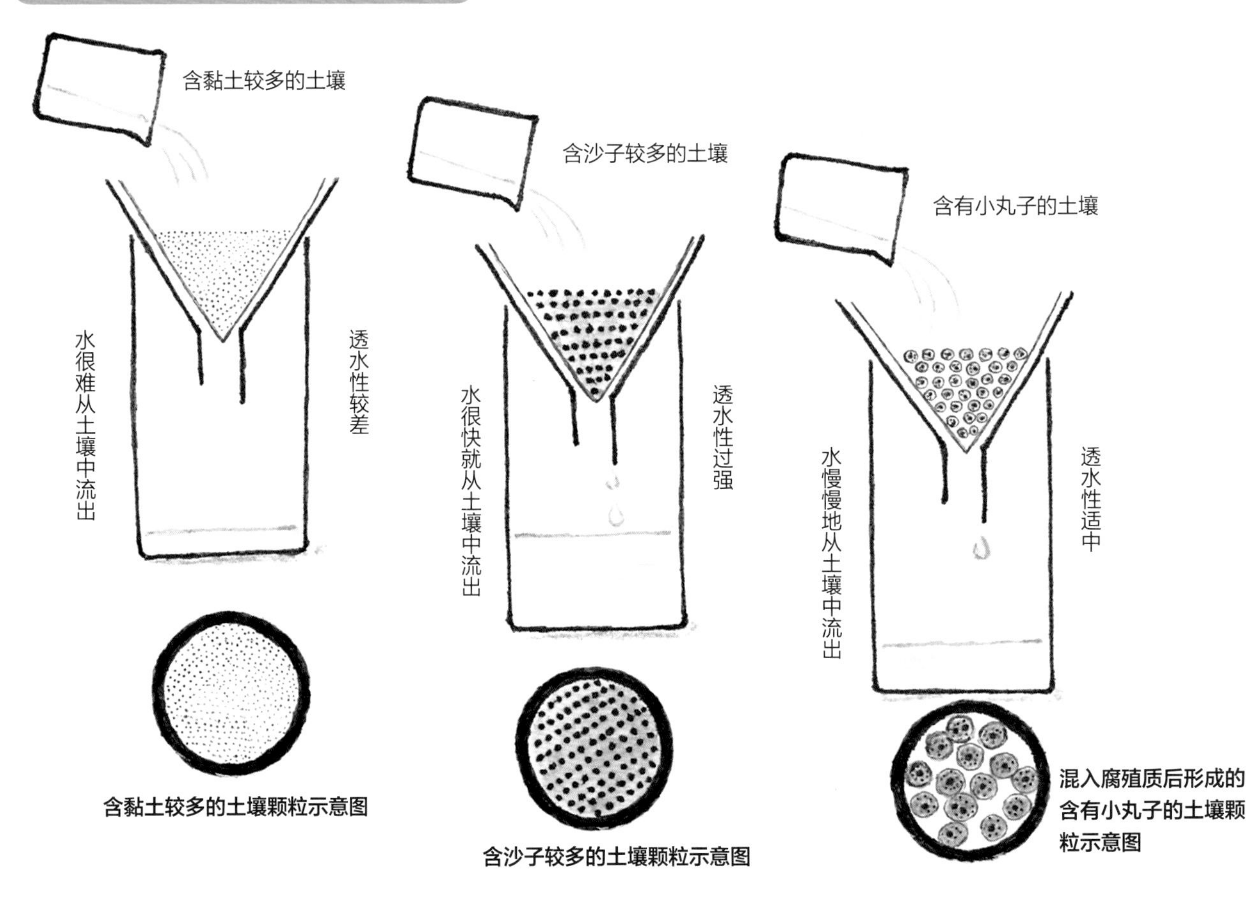

这种混合了沙子、黏土的小丸子在土壤中积少成多，
它们之间会形成很多缝隙。

空气能轻易地从这些缝隙中通过，
下雨时，雨水也能很容易地通过这些缝隙排出去。
这就意味着土壤具有良好的透水性。

但这些小丸子之间
不仅有大缝隙，还有很多小缝隙。
流入这些小缝隙的水分，
不会轻易流失，也很难蒸发掉。
这就意味着土壤具有良好的保水性。

小丸子保水性示意图

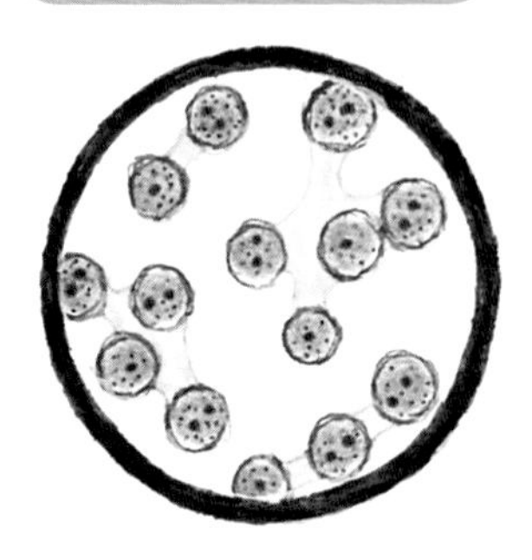

小丸子之间的小缝隙能留住水分，因此含有小丸子的土壤具有良好的保水性。这些小缝隙的宽度都在 0.005 毫米以下。研究显示，这些小丸子并不是坚硬紧实的土粒，因此每年有 3% ~ 5% 的小丸子会被水带走或破坏。

透气性良好，
透水性、保水性也极佳，
具有这种神奇特性的土壤
自然非常适合植物生长。

而土壤之所以有这样的特性，
就是因为土壤里的小丸子大显神通。

最近人们又发现，
具有这种神奇力量的小丸子
还有更惊人的作用。
大家猜猜看，小丸子还有什么作用呢？

插图根据米勒的作品《制作黄油的女人》（1870 年）绘制

7. 黑色土壤的独门绝技！

含有小丸子的土壤有利于植物生长，
因此有这种土壤的地方往往会被开垦成适合种植农作物的农田。

农作物生长要靠叶子吸收阳光和空气，
同时还要靠根从土壤里吸收水分和营养物质。
小麦、白萝卜、圆白菜等农作物生长时，从土壤中吸取了养分。
因此，在同一片土壤上连续种植农作物时，
必须为土壤补充失去的养分。
要想给土壤补充植物所需的养分，就要用到肥料。

＊植物的养分
植物生长所必需的营养元素有10多种，其中最重要的是氮、磷、钾，它们被称为植物生长的“三大主要营养元素”。

但只是将肥料撒入土壤中，农作物是无法生长的。
肥料中的养分可溶于水，降雨降雪的时候会随着雨水、雪水流失。
但是，如果有能和黏土颗粒粘在一起的小丸子，
养分就会被粘在小丸子周围，不会流失了。
当农作物的根向土壤中生长时，小丸子又能迅速地将这些养分释放出来，
这样农作物的根就能吸收养分了。
这就是含有小丸子的土壤的独门绝技！

＊也有学者将粘着黏土的小丸子称为“腐殖质黏土复合体”。（出自前田正男 1974 年的著作）

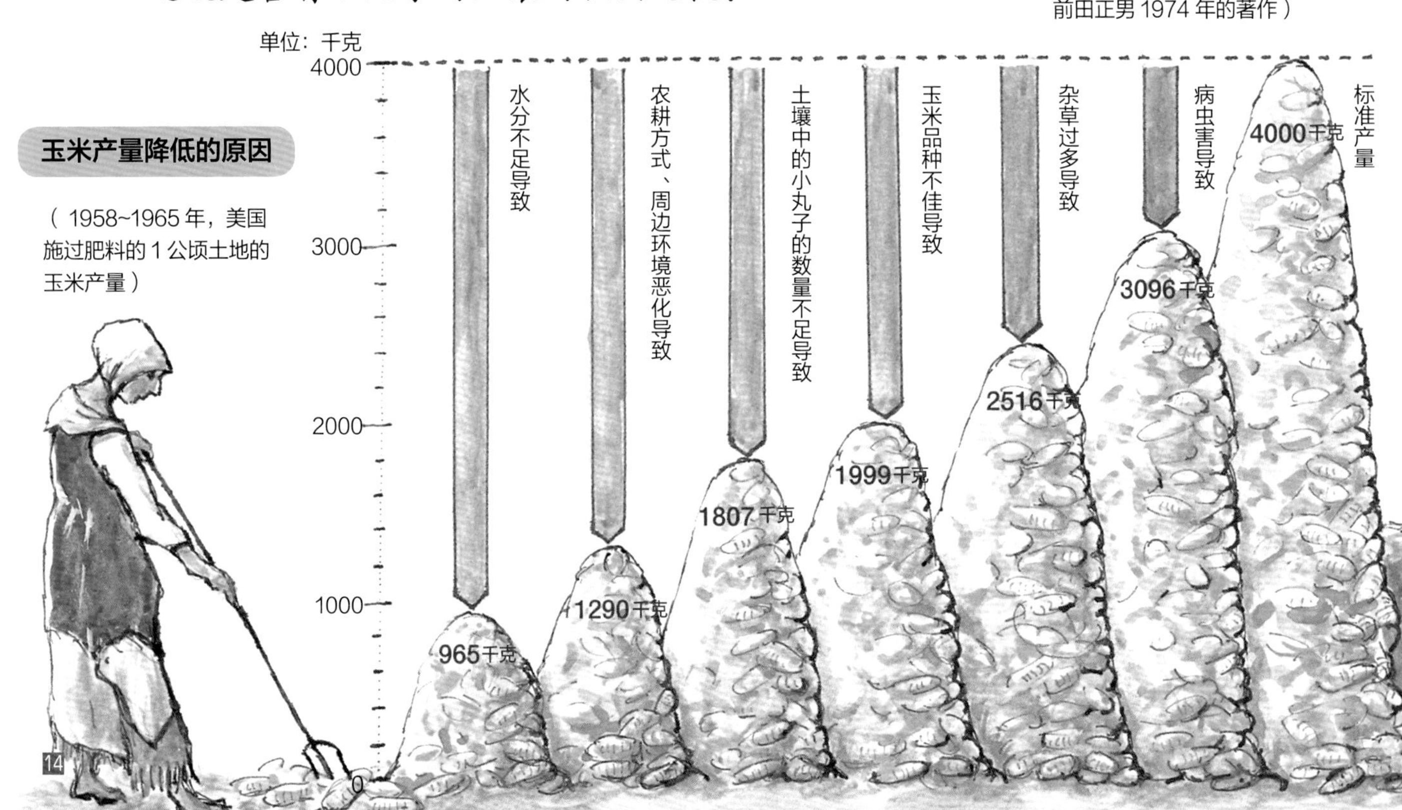

因此，要想让肥料中的养分顺利地被农作物吸收，
这种独门绝技是万万不能少的。

在没有小丸子的土地上种植农作物时，
就算施大量的肥料，
也是白费力气，有时反而会抑制农作物的生长。

因此，要想使农作物茁壮成长，
最重要的就是找一块有黑色小丸子的土地。

有黑色小丸子的地方，
农作物就会茁壮成长，而后成熟结果，
只有这样，我们人类才能收获满满。

在土地所具有的力量中，最了不起的
就是这种让植物枝繁叶茂，让农作物成熟结果的力量。

将含有黑色小丸子、
能施展出如此非凡力量的土地
称为“大地”，再合适不过了！

我想，“大地”一词即人们对含有黑色小丸子的大片土地、
对它所拥有的非凡力量和它给人们带来的满满收获的赞美之词。

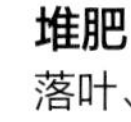

＊肥料
含有农作物生长所必需的养分。人们会根据土壤的状态和农作物的种类，施各种各样的肥料。

堆肥
落叶、秸秆、杂草以及家畜的粪便等混合在一起，发酵后形成的肥料。（每吨含养分 10 千克）

有机肥
将大豆榨完油后的残渣、鱼的内脏或骨头等动植物的残体晾干后经研磨制成的粉末状肥料。（每吨含养分 50~150 千克）

化肥
含有氮、磷、钾等主要元素，以化学方式制造的肥料。（每吨含养分 200~500 千克）

插图根据米勒的作品《捆扎干草的人》（1850 年）绘制

8. 日益减少的土壤

但现在，这种含有黑色小丸子、拥有非凡力量的土壤，正在逐渐减少。

自 4 亿年前开始，
集岩石、植物、各种小动物和微生物之力，
日积月累，好不容易才形成的黑色大地，
正在逐渐消失，
这着实令人感到惋惜。

大地上的土壤层
厚度通常不超过 50 厘米，
（最厚也不会超过 1 米）。

＊一般而言，农田的土壤厚度为 20~30 厘米。

也就是说，如果将地球看作一个苹果，
薄薄的土壤层的厚度还不及苹果皮。

而将这层薄薄的“皮”
侵蚀、剥掉的元凶，
其实就是从天而降的雨水。

插图根据米勒的作品《小小牧羊人》（1863~1865 年）绘制

自空中落下的雨滴冲击力很大，
而含有小丸子的黑色土壤却非常脆弱。
在雨水的冲击下，土壤会受到破坏，并被雨水冲走。
要是遇到暴雨或洪水，
土壤层甚至会整块整块剥落，全部被水冲走，
之后残留下来的就只有沙子和小石子了。

＊有研究显示，降水量为 10 毫米 / 时的降雨对土壤的冲击力与 15 厘米厚的土壤从 10 米高处落到地面时的冲击力是一样的。（出自都留信也 1972 年的著作）

植物生长需要雨水的滋润。
但从另一方面来看，
雨水却又不断侵蚀着植物赖以生存的土壤。
那么，我们该怎样做，
才能阻止黑色土壤逐渐流失呢？

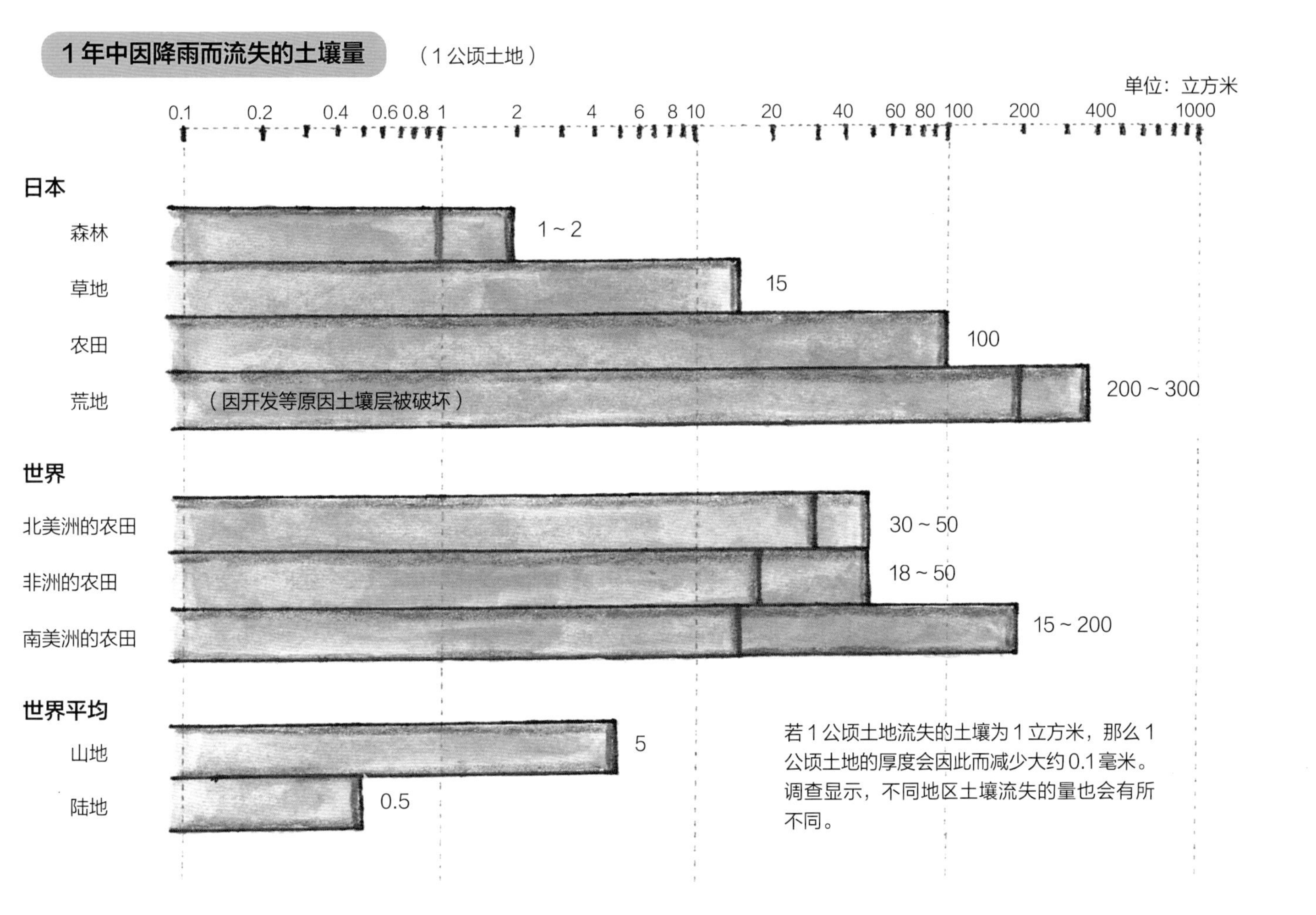

9. 走向荒芜的大地

其实比起雨水，阳光带来的热量和
风对大地的伤害更大。

植物生长、动物生存都需要阳光，
阳光对动植物来说至关重要。
但同时，阳光的热量会让地面温度升高，
土壤里的水分受热会变成水蒸气，从土壤里蒸发掉。
失去水分的干燥土壤会变成干巴巴的粉末。
此时要是刮风，变成粉末的土壤瞬间就会被吹走。
这样，土壤会变得越来越少。
此外，土壤失去水分后，生活在土壤中的小生物也无法继续存活，
没有了这些小生物，土壤中的小丸子也就不复存在了。
然而，更糟糕的事情还在后面。

* 在干旱地区，水一天的蒸发量约为 20 毫米。夏天，全日本平均一天的蒸发量约为 6 毫米。（出自松本聪 1998 年的著作）

❶ 土壤中的盐类物质通常都沉积在大地深处。

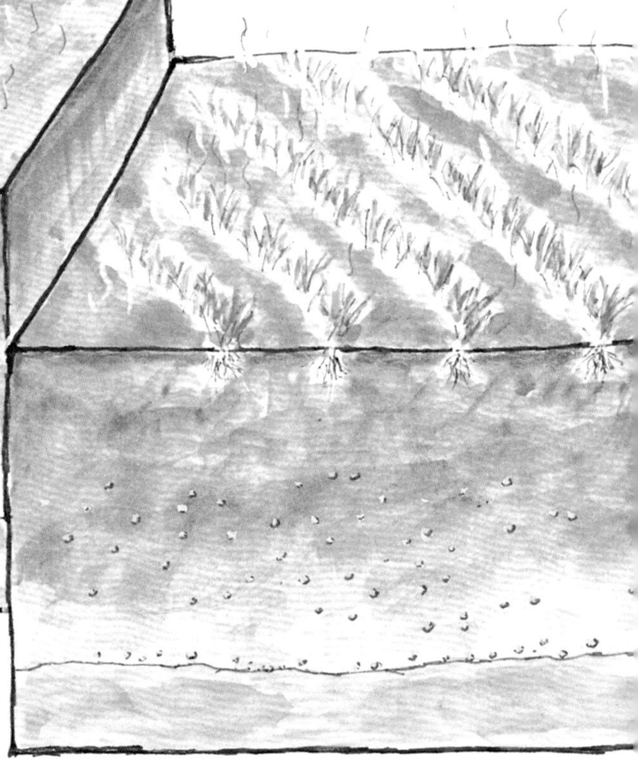

❷ 如果土壤中的水分不断蒸发直至消失殆尽，那么溶解了盐类物质的地下水就会上升，地下水甚至可以从地下 120 厘米处升上来。（出自松本聪 1998 年的著作）

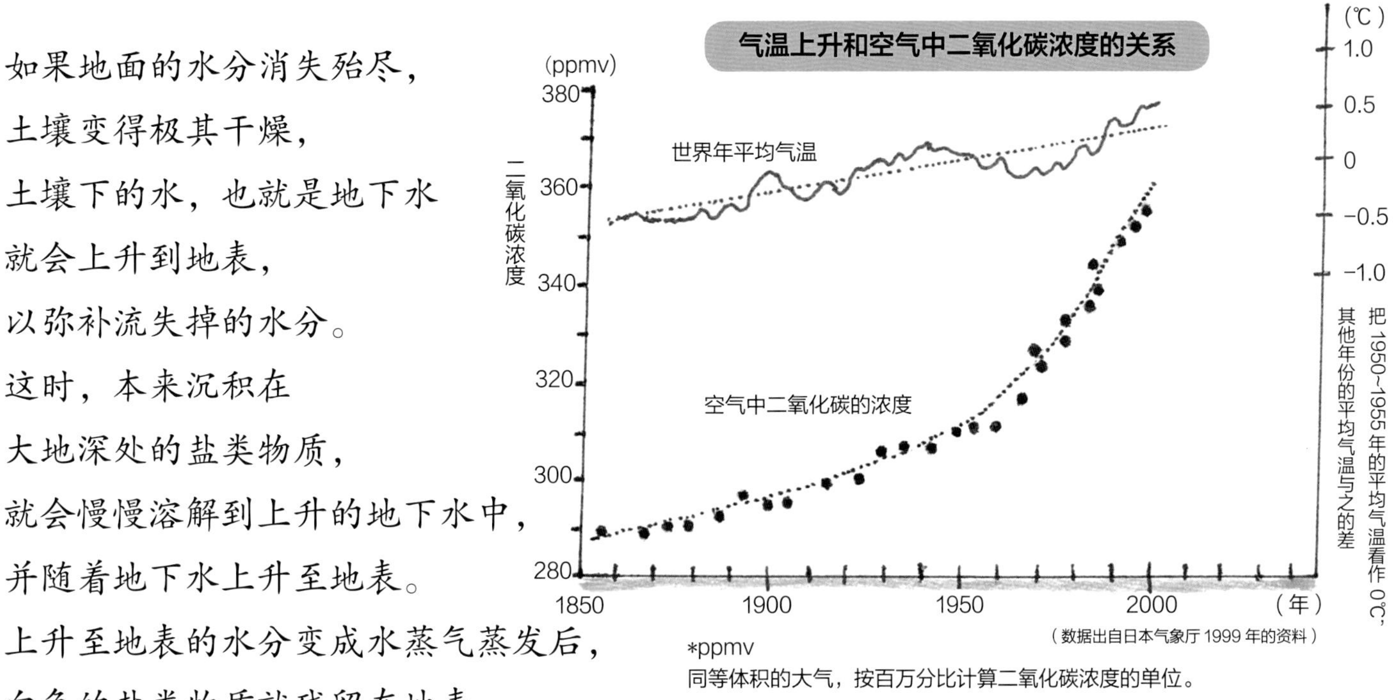

*ppmv
同等体积的大气，按百万分比计算二氧化碳浓度的单位。

如果地面的水分消失殆尽，
土壤变得极其干燥，
土壤下的水，也就是地下水
就会上升到地表，
以弥补流失掉的水分。
这时，本来沉积在
大地深处的盐类物质，
就会慢慢溶解到上升的地下水中，
并随着地下水上升至地表。
上升至地表的水分变成水蒸气蒸发后，
白色的盐类物质就残留在地表。
植物无法在积存了盐类物质的土壤中生长，
动物也无法在这样的土壤中生存。

＊盐类物质
食盐或与它同类的钙镁化合物等。碱性土壤或水中通常含盐类物质。

就这样，大地会变得寸草不生，
而风会慢慢把腐殖质和黏土都吹走。
于是，大地就逐渐变成了没有土壤，只有沙子、石头和盐类物质的沙漠。

不只阳光的热量会让地面的温度升高，
汽车、工厂、城市释放的热量、
烟雾以及废气，
都会导致地面温度升高。
最终，大地同样会逐渐变成不毛之地。
那么，有什么好办法
能防止大地在热量和风的
作用下一步步走向荒芜呢？

插图根据米勒的作品《烧野草的女人》（1859 年）绘制

❸ 而后，当这些源自地下的水分也蒸发殆尽后，盐类物质就残留在地表，最终导致植物无法生长。

10. 逐渐消亡的大地

除了雨水、热量以及风，还有一种更为强大的力量也会摧毁大地。
这就是人类的力量。

大约 1 万年前，人类在河流下游定居下来。
那里有河流带来的泥沙沉积形成的大片土地，人们在土地上种植农作物。
随着人口数量不断增加，人们为开垦出更多的农田烧掉了森林里的树木，
还在原野上饲养牛羊，以维持生活。

后来，土地开始变得荒芜，农作物产量也逐渐下降。
于是，人们又转而寻找其他适合居住的地方，迁徙到那里，重新种植农作物。
时光飞逝，人口数量成倍增长，
人类开始建立城镇、修建道路和房屋，而能够种植农作物的地方越来越少。
于是，为了在仅有的农田上种出尽可能多的农作物，
人们开始使用化肥和农药。

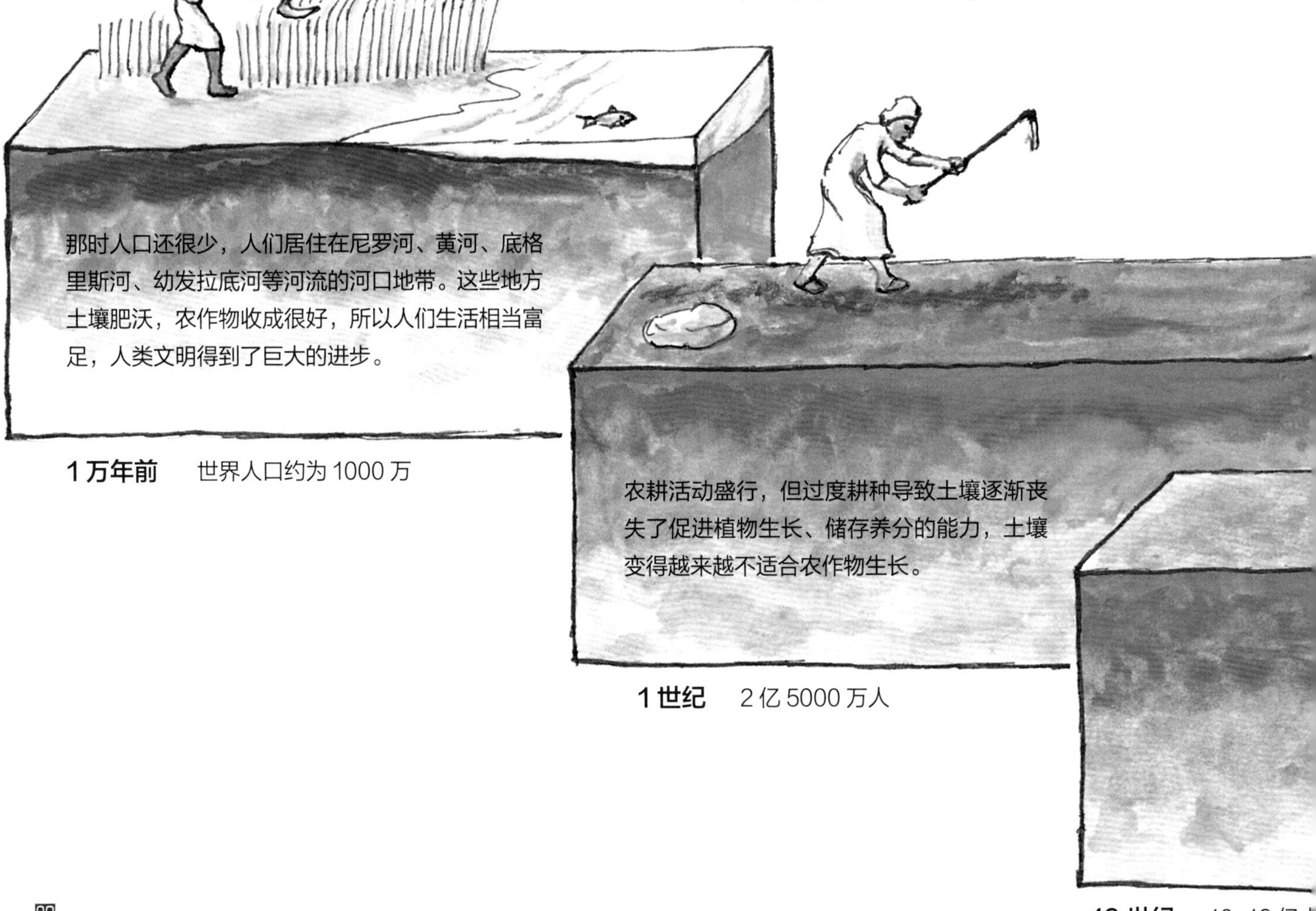

那时人口还很少，人们居住在尼罗河、黄河、底格里斯河、幼发拉底河等河流的河口地带。这些地方土壤肥沃，农作物收成很好，所以人们生活相当富足，人类文明得到了巨大的进步。

1 万年前 世界人口约为 1000 万

农耕活动盛行，但过度耕种导致土壤逐渐丧失了促进植物生长、储存养分的能力，土壤变得越来越不适合农作物生长。

1 世纪 2 亿 5000 万人

19 世纪 10~16 亿人

但是，农药在消灭害虫的同时，
也会杀死土壤中的小生物，土壤里的小丸子自然也会随之消失。
如此一来，就算给土地施肥，肥料的营养成分也无法被农作物吸收。

如果继续施肥，
则会导致不是营养成分的物质大量积存在土壤中，使土质逐渐恶化。

不仅如此，喷洒农药后，土壤中会出现一些抗药性较强的害虫。
为了对付这些害虫，人们不得不大量使用药性更强的农药。

此外，人们为了增加农作物的产量，利用机器等设备过度耕作，
导致土壤中的水分流失。除此之外，人们还用水质差的水灌溉农田，
使盐类物质在地表积存，农作物无法生长。

就这样，人们越想增加农作物的产量，对土壤的伤害就越大。
土壤中的生物无法继续生存，
土质也不断恶化，大地就这样逐渐走向荒芜。

农田里的小丸子逐渐消失，
土壤里不再有小动物的身影，
大地变得徒有虚名。
如今，越来越多的土地在经受这种可怕的折磨。

我们要怎样做，才能阻止我们的大地
一天天走向消亡呢？

插图根据米勒的作品《返回的羊群》（1846年）绘制

11. 植树造林，保护大地

在有土壤的地方种植物，
让绿色植被覆盖在土壤表面，
是防止土壤随雨水流失的有效方法之一。
尤其是土壤流失严重的山区、丘陵地区，
更需要大量种植树木、人工造林。

树木长得高大茂盛、枝叶稠密，
就能阻挡雨水，从而减少雨滴落下时对土壤的冲击。
而落叶及树木的根系还能留住雨水，
如此一来，雨水就不会立刻流走，而是慢慢渗入树根处的土壤里。
于是，整片山林就变成了一座储存雨水的“绿色水库”。
山上的雨水就这样
缓慢地、一点点地流到山脚，
而不会一股脑冲下山，引发山洪。
土壤自然也就不会被来势汹汹的
雨水冲走了。

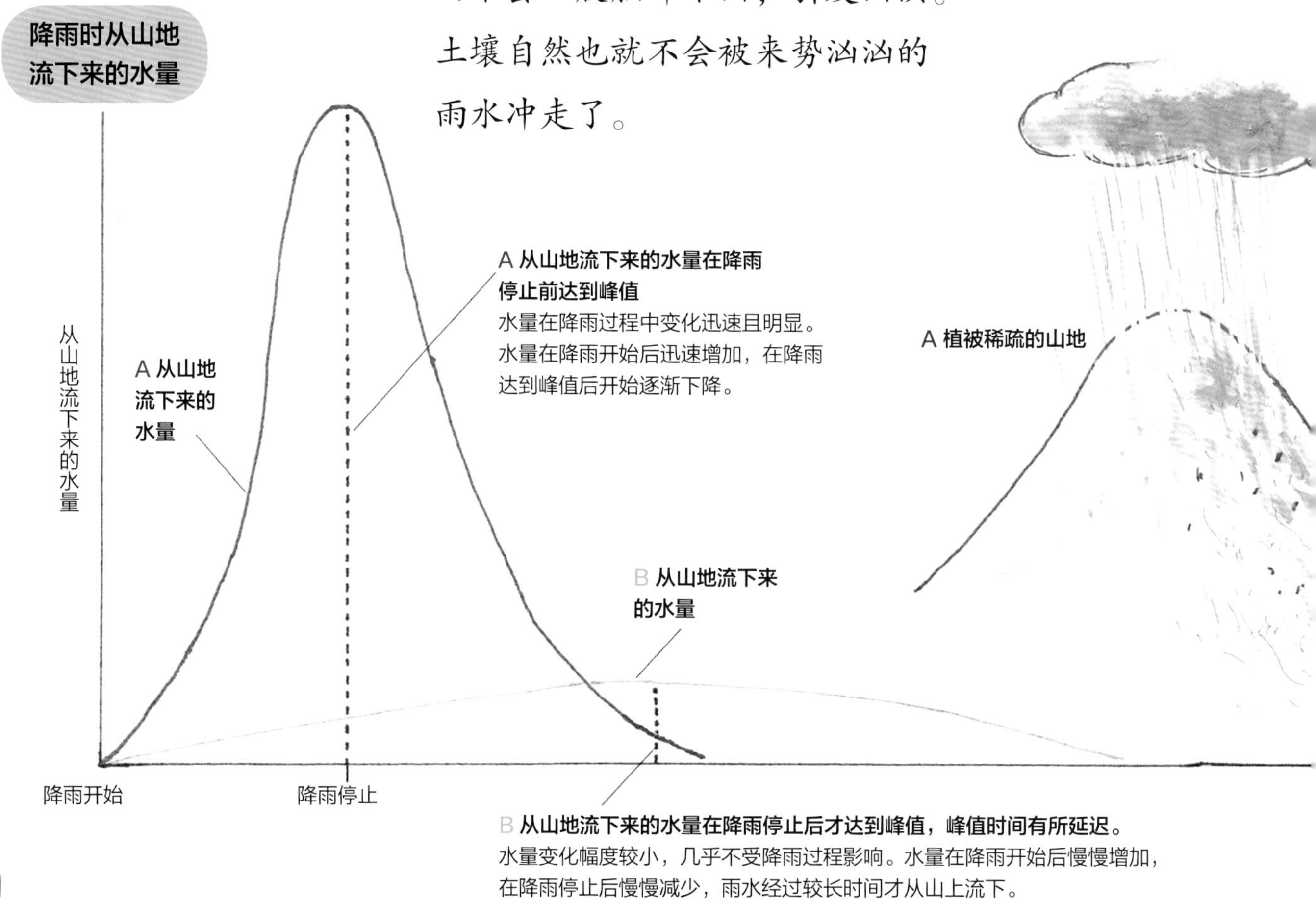

降雨时从山地流下来的水量

从山地流下来的水量

A 从山地流下来的水量

A 从山地流下来的水量在降雨停止前达到峰值
水量在降雨过程中变化迅速且明显。
水量在降雨开始后迅速增加，在降雨达到峰值后开始逐渐下降。

A 植被稀疏的山地

B 从山地流下来的水量

降雨开始

降雨停止

B 从山地流下来的水量在降雨停止后才达到峰值，峰值时间有所延迟。
水量变化幅度较小，几乎不受降雨过程影响。水量在降雨开始后慢慢增加，在降雨停止后慢慢减少，雨水经过较长时间才从山上流下。

山区需要植树造林，山脚的原野、空地上也要多种植物，
土地上草木繁茂、绿意盎然，土壤就不容易被雨水冲刷流失。
此外，树叶和草还能为土壤阻隔阳光的热量，减弱风的影响，
从而防止土壤粉末化后被风吹散。
植物不仅在活着的时候发挥了巨大的作用，在枯萎死亡后还会变成腐殖质，
对不断流失养分的土壤进行补充。
因此，多多种植植物不仅能防止
阳光、雨水、风等造成的土壤流失，
还能形成更多含有小丸子的土壤，可谓一举两得。

但是，这种利用植物保护大地的方法
至少需要10年时间才能发挥作用。
在贫瘠的土地上种植树苗，
不仅需要引水灌溉，
还需要搭建支架以免树木被风吹倒。
不光要栽种树苗、让植物枝繁叶茂，
还要长期精心维护它们。
所以，在土地上栽种植物
无疑是一项费时费力的工作。
然而，这也是一项只有人类才能完成、
于我们人类而言至关重要且责无旁贷的工作。

* 据说，要想在寸草不生、岩石遍地的地方植树造林，需要花费500~600年的时间。（出自只木良也1970年的著作）

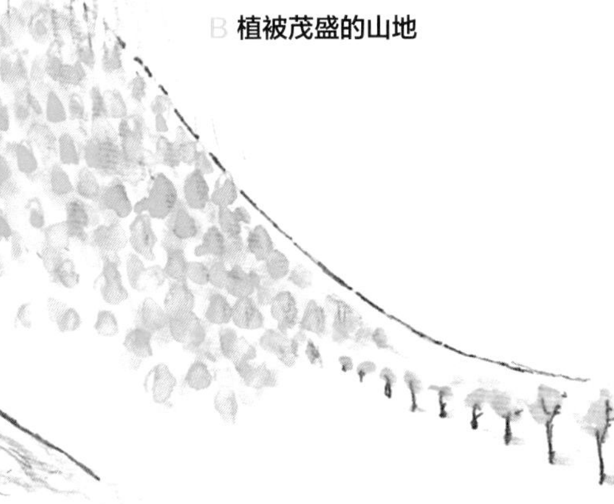

B 植被茂盛的山地

插图根据米勒的作品《耕作者》（1855年）绘制

12. 筑池蓄水，拯救大地

除了植树造林，还有一种方法可以防止降雨造成的土壤流失，
那就是在土地附近修建蓄水池，
把携带了土壤的雨水蓄积下来。

蓄水池底部沉积下来的淤泥
非常适合植物生长，因此可以将这些淤泥挖出来，用在农田里。

在农田里种植农作物时，浇灌适量水质良好的水，
农作物的产量会大幅增长。

从天空中降下的雨水不含盐类物质，
非常适合用来灌溉农田。把雨水蓄积在大大小小的蓄水池中，
等到日照强烈、土壤干燥时，再将这些水输送到农田里，
就能充分发挥它们的作用。

＊酸雨除外

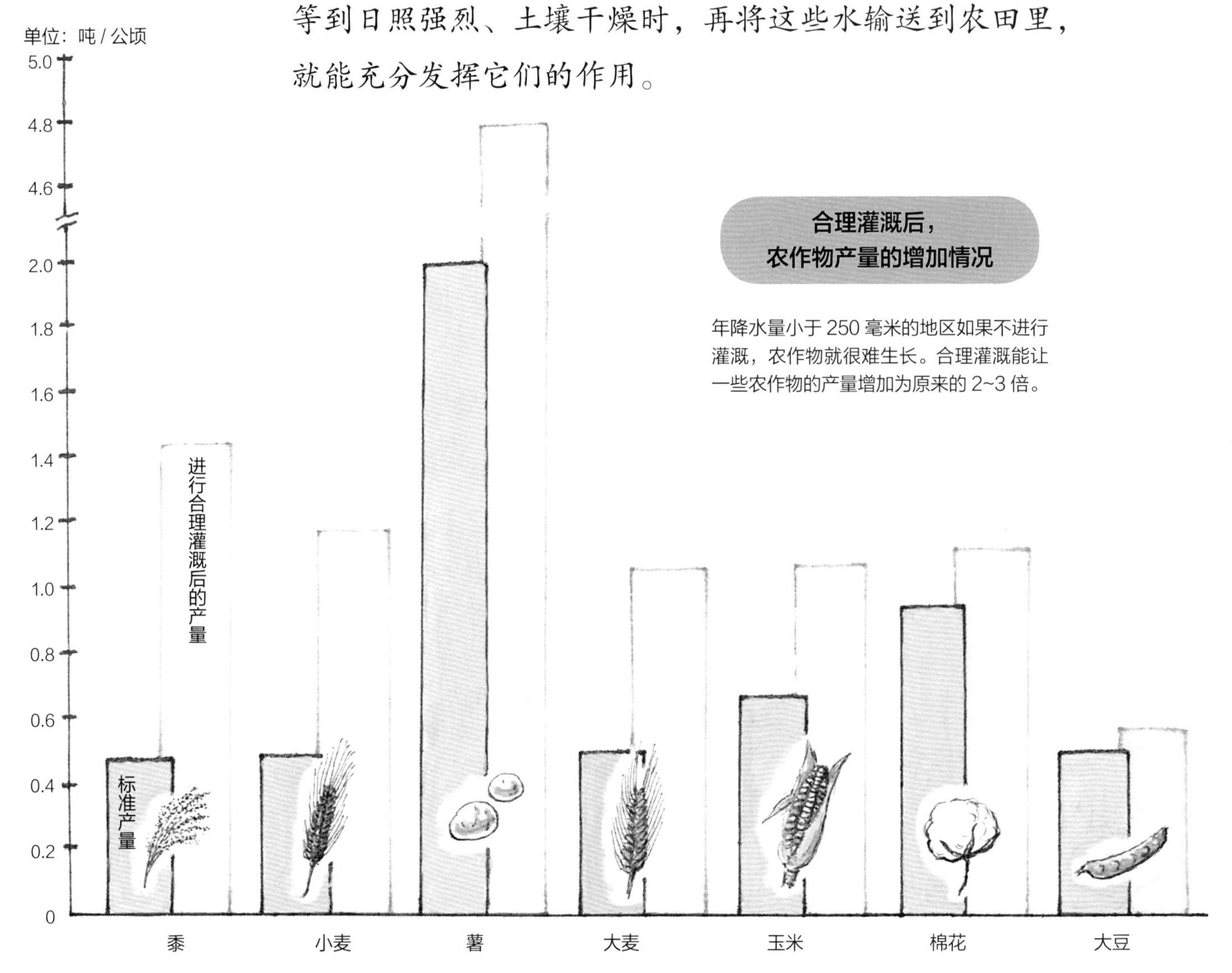

合理灌溉后，农作物产量的增加情况

年降水量小于 250 毫米的地区如果不进行灌溉，农作物就很难生长。合理灌溉能让一些农作物的产量增加为原来的 2~3 倍。

（数据出自伊朗 1989 年的农业试验资料）

在降雨稀少的地方、干旱的地方以及水土容易流失的地方，
修建蓄水池蓄水是一个不错的办法。

一般来说，就算是那些被称为沙漠的地方，也并非终年无雨。
这些地方可以修建大量的水渠，在下雨时
可以尽可能多地收集雨水，将雨水蓄积在附近的蓄水池里。
这样的话，缺水干旱时，
蓄水池里的水就可以输送到农田里，用于灌溉了。

修建蓄水池蓄水的方法，
用在雨水充沛的地区，可以解决土壤流失的问题；
用在干旱少雨的地区，则可以将雨水储存后利用。

这种蓄水方法不仅可以保护大地，
还能让大家深刻地认识到，
水对于植物、动物，当然也包括我们人类，
是何等重要，不是吗？

最终，这种方法也会成为为地球上所有
需要水的生物的生存着想的一种方法吧。
从这方面来看，这种方法真可谓意义重大。

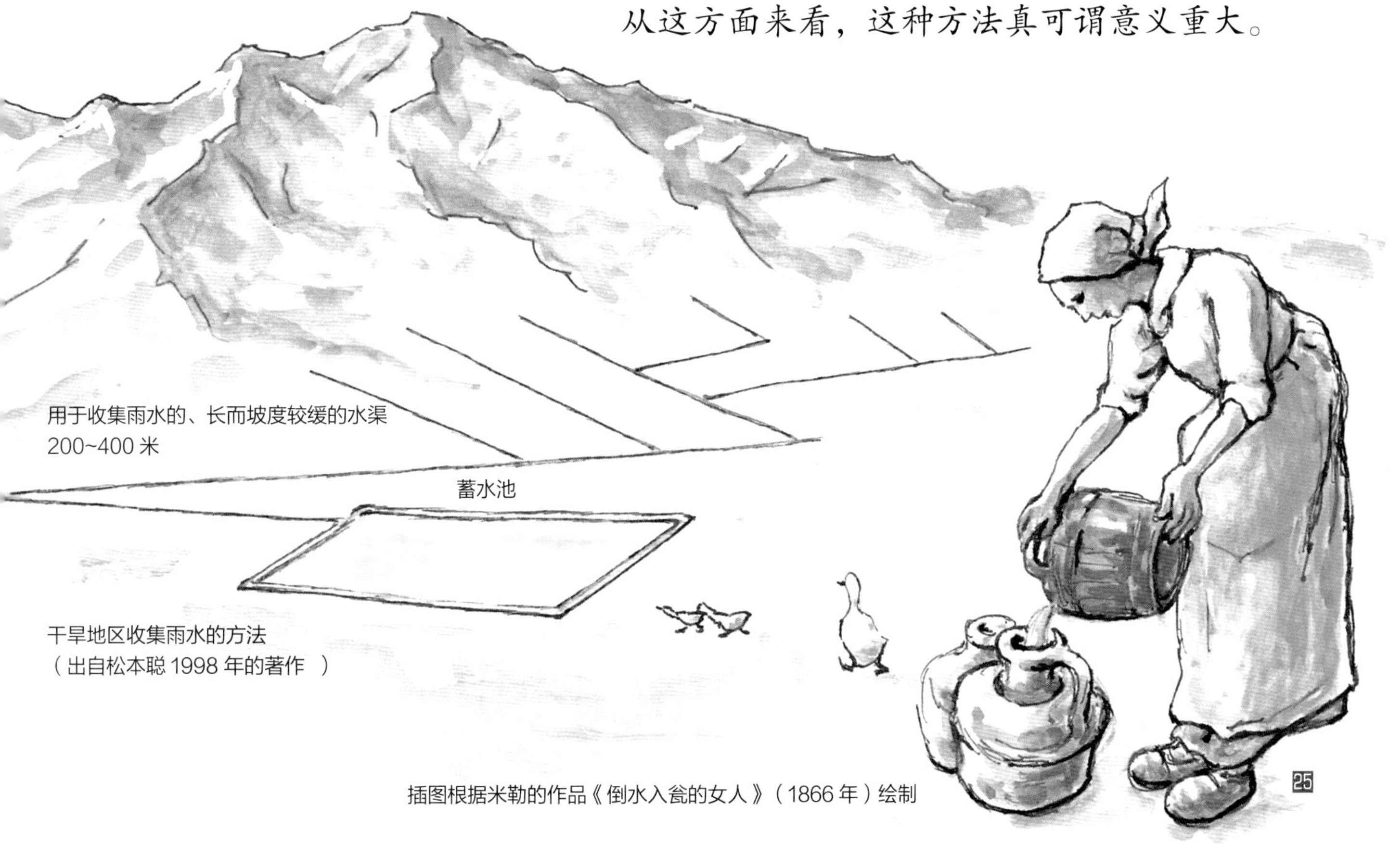

用于收集雨水的、长而坡度较缓的水渠
200~400 米

蓄水池

干旱地区收集雨水的方法
（出自松本聪 1998 年的著作 ）

插图根据米勒的作品《倒水入瓮的女人》（1866 年）绘制

13. 轮作让大地重获生机

不管是植树造林，还是筑池蓄水，
都是为了保护逐渐变得荒芜的大地，以增加农作物的产量。
但是人们发现，明明每年都用同样的方法种植农作物，
产量却总是一年不如一年。
人们仔细研究原因，
并采取了种种措施试图解决这一问题，
但当年的产量依然无法达到前一年的水平，农作物产量仍在逐年下降。

*在同一块农田上连续种植同一类农作物导致减产、品质下降的现象被称为“连作障碍”。不同地区、不同种类的农作物发生连作障碍时的表现各不相同，但通常旱田作物的连作障碍现象更为明显。

为了解决这一问题，欧洲的农民
从长期的经验中，总结出了一套方法。
他们将农田划分成 3 份：
①土地用来种植主要农作物（如小麦、黑麦等）；
②土地不种植农作物（土地上自然生长着牧草、车轴草、野草）；
③土地用来种植制作饲料及农副产品的农作物（如大麦、燕麦等）。
然后，每 2~4 年就将 3 块土地上种植的
农作物进行调换。
这样一来，即使年年耕种，
农作物的产量也不会逐年下降。

这种方法的特点在于种植农作物时需要
定期轮换土地，循环往复，就好像转动的车轮
一样，因此被称为“轮作”。

*轮作的方法
种植不同种类的农作物会有不同的轮作方法。不同地区、国家的轮作方法也可能各不相同。因此，轮作时农田的划分方式、轮作的顺序可谓多种多样。
- 土豆、小麦、白萝卜
- 牧草、小麦、大豆
- 玉米、大麦、车轴草
- 大麦、大豆、小麦、芜菁

*水稻的轮作
就算是在很少发生农作物连作障碍的水田中，要实行水稻、莲、大麦轮作，在轮作实施和防治病虫害方面都要花费巨额费用。

轮作的原理如下：

（1）自然状态下，土壤中的各种生物相互依存，
形成了一种平衡状态。但长年在一片农田中种植同一种农作物，
就会打破这种平衡，导致土壤中的生物逐渐失去活力……

（2）要想让平衡被打破的农田恢复原状，
就需要暂时停止种植某些农作物，让农田处于自然状态，
这样才能增加土壤中的生物数量或种类，
让土壤中的各种生物恢复活力……

（3）如此一来，土壤中的小丸子也会随之增多，
并发挥自己的力量，将营养成分输送给农作物。
此时，重新在这片农田上种植农作物，
就会有合理的产出。

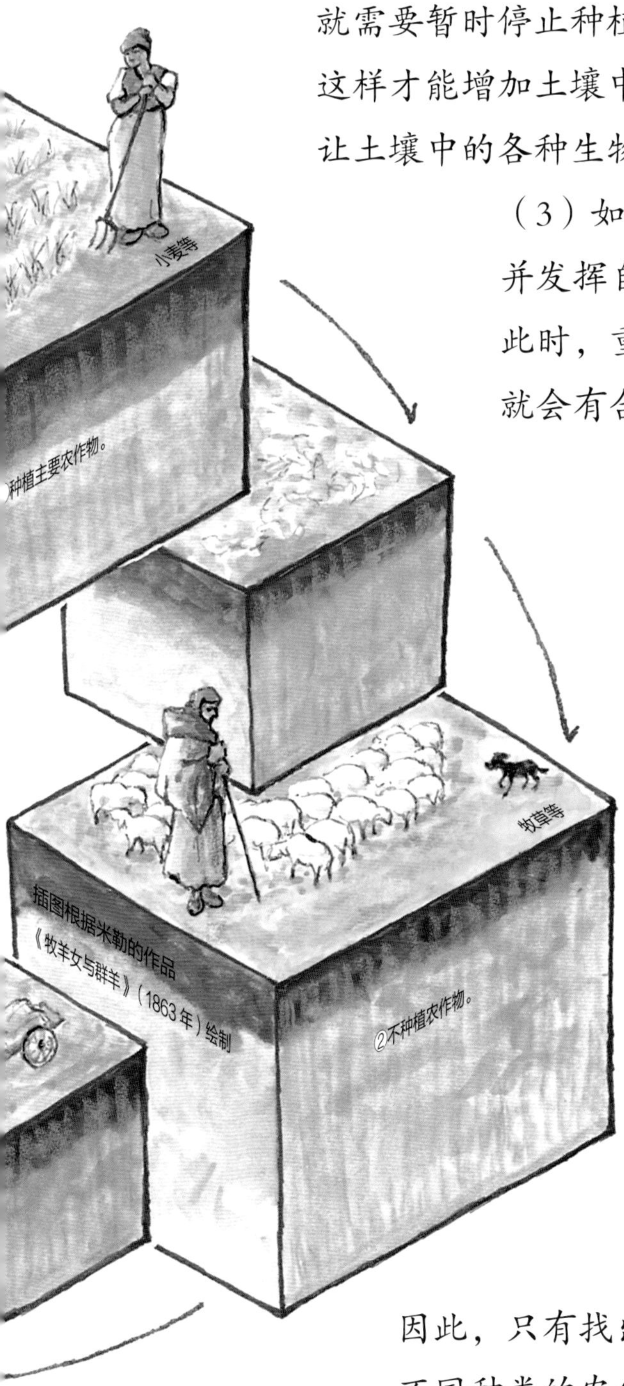

小麦等
种植主要农作物。
牧草等
插图根据米勒的作品
《牧羊女与群羊》（1863年）绘制
②不种植农作物。

＊美国的农业总产值居于世界首位，自1988年以后，美国每年都会对1000万公顷以上的农田采取休耕措施，让土地休养生息。（出自联合国粮食及农业组织 / FAO1995年的资料）

这就是轮作，它能让农作物、
土壤中的生物以及小丸子
充分发挥各自的作用与活力，
是一种关乎农业根本的、
至关重要的耕作方法。

农作物也是生物，
而大地则是各种生物相互依存的家园。
轮作就是一种让农作物在大地上
与其他生物和谐共处、茁壮成长的
耕种方法。

因此，只有找出与不同农田、
不同种类的农作物相匹配的轮作方法并一直实行下去，
才能在这场以让大地恢复生机为目的的艰苦战役中
赢得最终胜利，不是吗？

14. 大地真的能养育 100 亿人吗?

大地正在一步步走向消亡,
然而研究者们又公布了一个可怕的数字:
到 2050 年左右,地球上的人口将达到 100 亿。
那个时候,人们真的能获取足够的食物吗?

＊食物中的谷物
人体所需的热量和蛋白质中有 80%~90% 是从小麦和水稻等谷物中获取的。(出自山口秀之 1976 年的著作)

就让我们试着计算一下,假如人们使用前面的三种方法——植树造林、筑池蓄水、轮作,最终能获得多少粮食吧。

1995 年的调查数据显示,世界上农田的总面积为 13.6 亿公顷。
其中约半数农田(7 亿公顷)用来种植粮食,
这些农田的粮食总产量为 19.7 亿吨。A

由此可计算出,每公顷农田的粮食产量为 2.8 吨。B

而 1995 年世界人口为 57 亿,
则可计算出,平均每人每年可分得 0.35 吨粮食。C

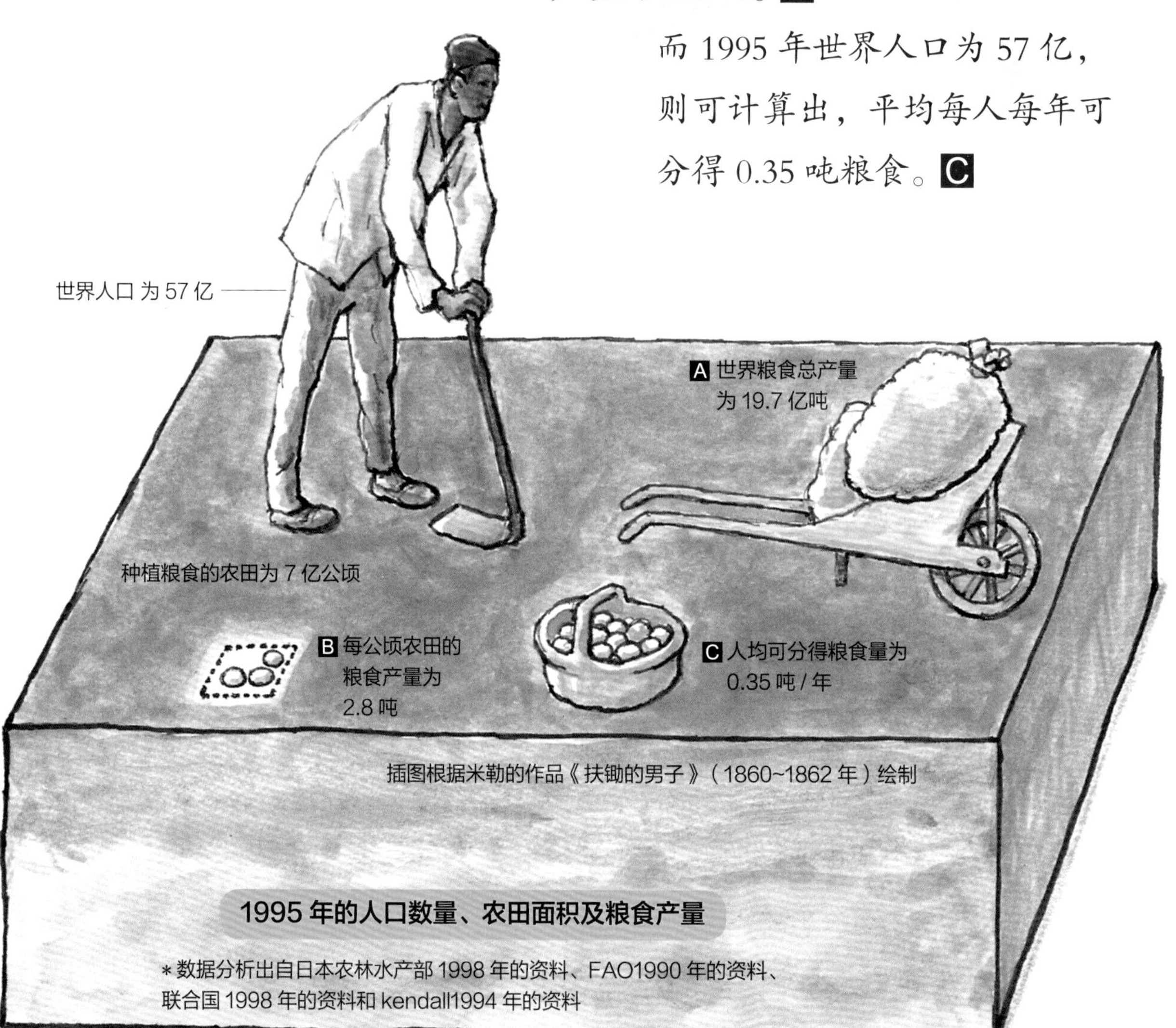

2050 年，世界人口将达到 100 亿，
如果按 1995 年的人均可分得粮食量来计算，则总共需要 35 亿吨粮食。
但如果粮食产量和 1995 年持平，即粮食总产量仅为 19.7 亿吨，
那么由此可以算出，世界粮食缺口为 15.3 亿吨。
但是，如果为维持粮食产量长期稳定而进行轮作，用于种植粮食的农田就会减少到原来的 1/3，即 2.33 亿公顷。
就算植树造林、筑池蓄水、轮作，粮食产量也只能翻一番，即 13 亿吨。Ⓐ
就算将原本用作动物饲料的 6.5 亿吨粮食 Ⓑ 也留给人类，加起来也只有 19.5 亿吨。
这样算下来，平均每人每年可分得 0.19 吨粮食。Ⓒ
也就是说，到 2050 年，每人能分得的粮食只有 1995 年的一半多一点儿。

即便是现在，在亚洲和非洲还有很多人贫困潦倒，经常忍饥挨饿。
但在一些国家，人们扔掉的饭菜多到垃圾厂都处理不过来，
他们把浪费粮食视为不值一提的小事。
作为这个地球上的居民，
如此浪费粮食真的可以吗？

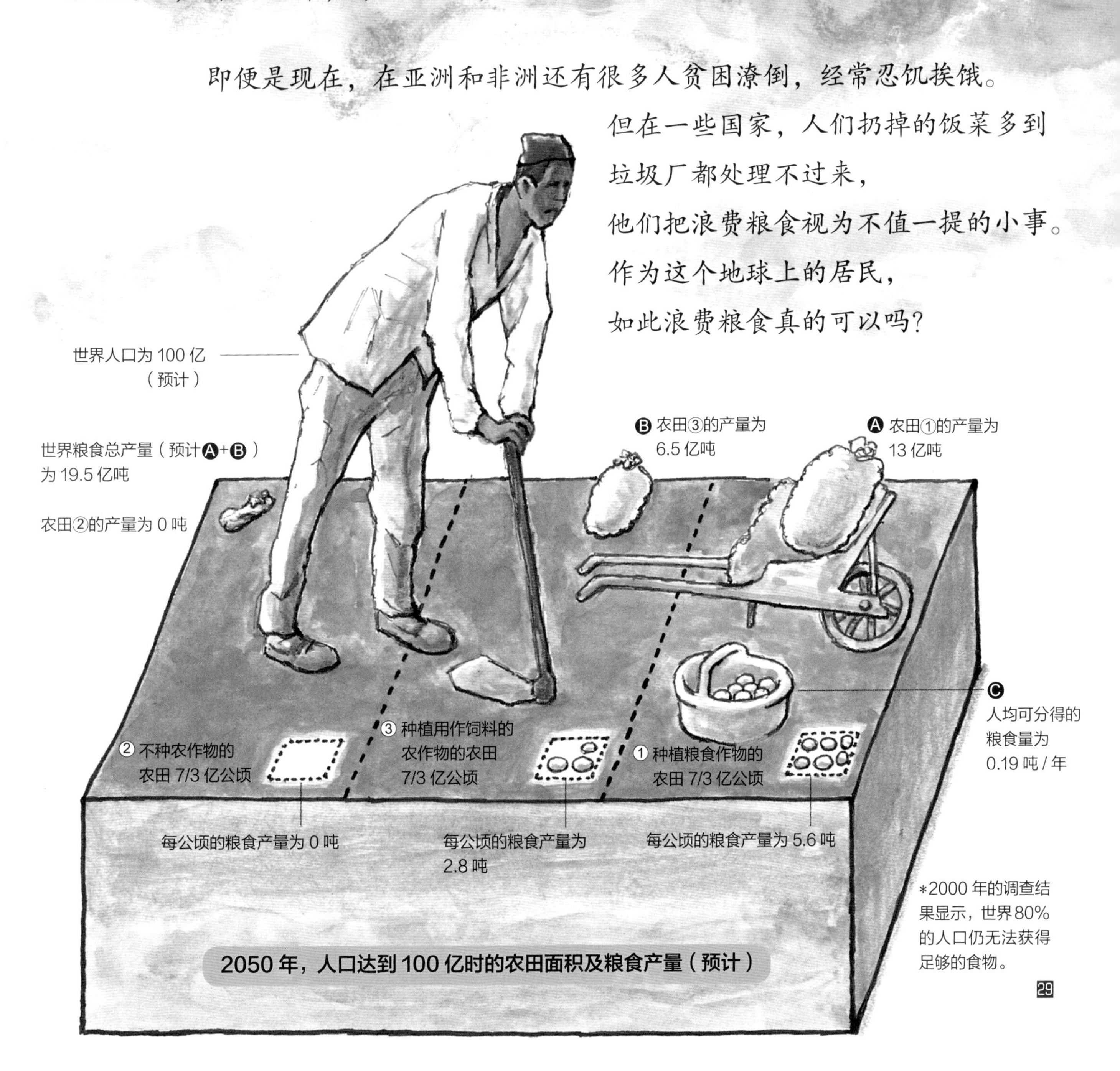

2050 年，人口达到 100 亿时的农田面积及粮食产量（预计）

*2000 年的调查结果显示，世界 80% 的人口仍无法获得足够的食物。

15. 富饶的大地的能力也是有限的

有些人可能会说，
到时候如果没有足够的食物养活 100 亿人的话，
就把地球上所有的陆地都改造成农田，
种上农作物，问题不就解决了吗？
但回顾往昔，人们强行增加粮食产量，
是以让大地变得满目疮痍为代价的，我们怎能重蹈覆辙呢？
还有人说，那干脆不用土壤，
只用水或沙子种植农作物，这样不行吗？
但这种植方式需要消耗大量的能源和金钱，
想要以此填补世界粮食的巨大缺口，并不现实。

＊无土栽培
一种只用水、沙子或小石子进行栽培的方法，要消耗大量的能源和金钱。因此，有些学者认为，无土栽培法只适用于一些特殊农作物，而不适合广泛应用，特别是不适合用于粮食作物的种植。（出自前田正男和松尾嘉郎 1999 年的著作、岩田正午 1985 年的著作）

让我们静下心来，重新思考一下吧。
植物是地球上所有动物赖以生存的基础。
植物为所有动物提供了食物，
虽然有些动物不吃植物，
但它们捕食的动物
往往是吃植物长大的。
因此，包含我们人类在内的
地球上所有的动物，
要想生存下去，就要借助于植物的力量。

植物是动物生存的基础，
土壤则是植物生长的家园。
而有着大片肥沃土壤的地方便是大地。
因此，广袤的大地恰如一位胸襟宽广的母亲，
哺育着地球上的万物众生。
但我们的大地母亲的能力也是有限的。

在这片资源有限的大地上，
不管是植物，还是小小的昆虫，
都不会只报答那些有恩于己的生物，
它们会留下自己需要的东西，
然后将自己不需要的东西一视同仁地
分给身边的其他生物。
而且，不管是植物、小小的昆虫还是
其他大型动物，所有的生命终将逝去，
待到它们回到大地母亲的怀抱之时，
又会为此后生长的植物提供帮助。

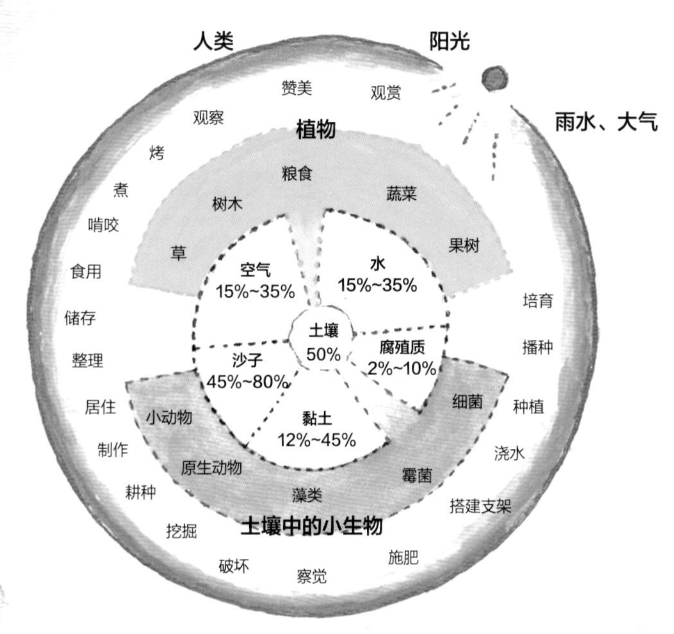

大地和人类以及其他生物的关系图

在这片大地上，各种生物共享着大地的恩泽，也感受着与其他物种休戚与共的温暖。
因此，“大地”一词大概也包含着人们深深的感激之情，感谢大地的养育，
也感谢其他生命给予的温暖。

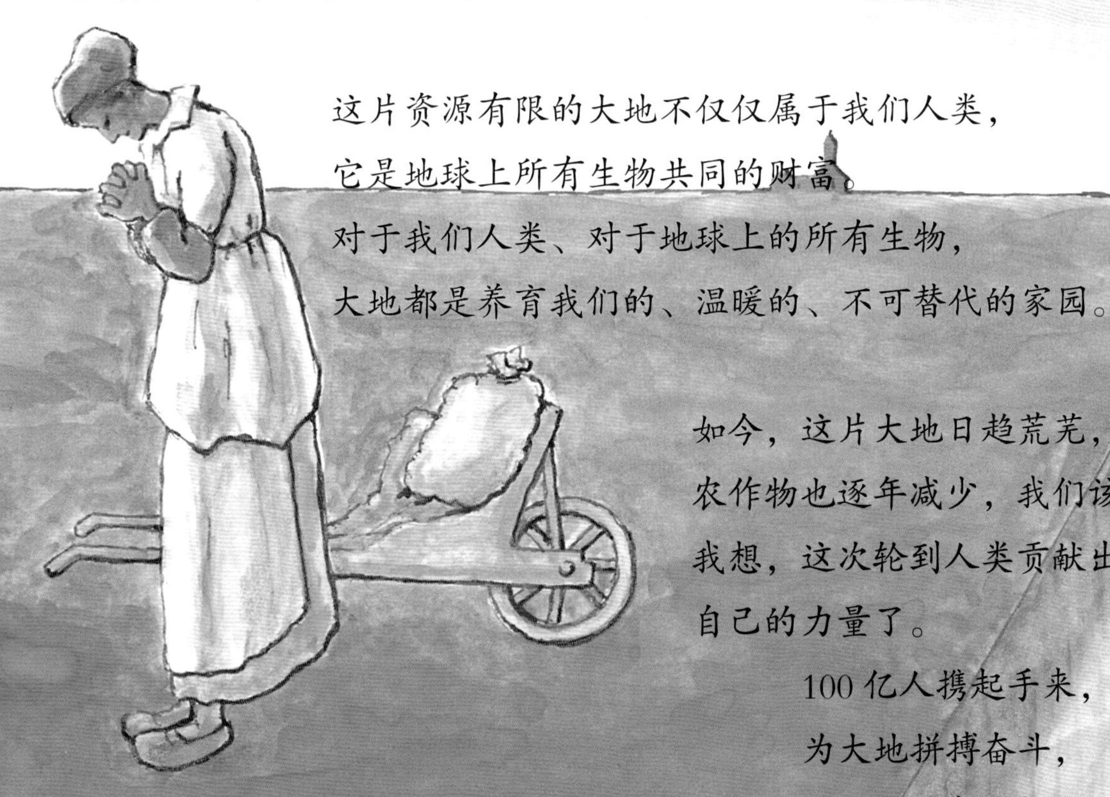

插图根据米勒的作品《晚钟》（1859年）绘制

这片资源有限的大地不仅仅属于我们人类，
它是地球上所有生物共同的财富。
对于我们人类、对于地球上的所有生物，
大地都是养育我们的、温暖的、不可替代的家园。

如今，这片大地日趋荒芜，
农作物也逐年减少，我们该怎么办呢？
我想，这次轮到人类贡献出
自己的力量了。
100亿人携起手来，
为大地拼搏奋斗，
让大地恢复生机吧！
各位读者朋友们，
请与我一道，行动起来吧！

后 记

离开经历战争洗礼、战败后满目疮痍的东京，我们一家人回到了乡下老家，想要靠一块小小的农田生活。当时，我们既没有种地的工具也没有种地的经验，只好请邻居来帮忙。但为了让我们放弃这块土地的耕作权，农地委员会践踏了田里的幼苗，并最终夺走了我们的农田。我的父母想要阻止他们，还被推倒在了泥田里。自那以后，我们一家是如何想方设法填饱肚子、又是怎样忍饥挨饿的，种种细节实在难以言表。但时至今日，走在路上，我还是习惯性地去分辨，哪种草凑合着能吃，哪种草吃起来很苦涩，以及哪种东西不能吃。从那时起，我就开始私下里调查日本的农田和农业，试图努力弄清日本农业问题错综复杂、扑朔迷离的原因。30 多岁时我曾用了 8 年时间研究腐殖酸。后来，我终于弄清了，到底是谁在保护土地，又是什么让食物分配变得如此不均衡。这些知识成为我创作本书的基础和动力。

土地和粮食问题并非只在日本存在，它是一个迫在眉睫的全球性问题、一个关乎人类未来的问题。为了能让大家关注这一问题，我借鉴了多位专家教授的论文。尤其是松本聪教授，他不仅解答了我提出的诸多幼稚问题、热心地帮我审阅了本书的原稿，还时常亲切地给我指导、激励我。请各位读者允许我在此对松本教授及让我引用论文的诸位专家教授表达深深的谢意。

此外，请原谅我再赘言几句。前文提到的我家的农田争端，经过漫长的司法程序后，终被证实确是相关部门处理不当。但那时，我的父母均已过世，尽管于事无补，那块土地仍是归到了我的名下。遗憾的是，此时农田已修成了高尔夫球场，面目全非了。

插图根据米勒的作品《牧羊女》（1868 年）绘制

加古里子

1926年生于日本福井县武生市（现越前市）。1948年毕业于东京大学工学院。工科博士、工程师。任职于化学公司期间，就积极参与社会公益活动、儿童文化活动。1959年开始进行绘本创作，1973年从原来的公司离职，一边从事绘本创作工作，一边担任电视新闻主播，并在大学担任讲师教授儿童文化、行动论等课程。2018年去世。

创作了“加古里子科学图鉴”系列、“乌鸦面包店”系列、“加古里子幼儿绘本”系列、“加古里子手绘博物百科”系列，以及《金字塔》《斧子很忙》《小达摩和小天狗》等众多作品。

2013年春，越前市开设了加古里子故乡绘本馆——石石；2017年夏，越前市中央公园小达摩广场建成。

著作权合同登记号　图字：01-2021-1566

图书在版编目（CIP）数据

大地的力量 /（日）加古里子著；戴黛译．—北京：北京科学技术出版社，2021.8
ISBN 978-7-5714-1546-4

Ⅰ．①大…　Ⅱ．①加…　②戴…　Ⅲ．①土壤－儿童读物　Ⅳ．① S15-49

中国版本图书馆 CIP 数据核字（2021）第 082937 号

策划编辑：荀　颖
责任编辑：张　芳
封面设计：韩庆熙
图文制作：韩庆熙
责任印制：李　茗
出 版 人：曾庆宇
出版发行：北京科学技术出版社
社　　址：北京西直门南大街16号
邮政编码：100035
ISBN 978-7-5714-1546-4
电　　话：0086-10-66135495（总编室）
0086-10-66113227（发行部）
网　　址：www.bkydw.cn
印　　刷：北京捷迅佳彩印刷有限公司
开　　本：889 mm×1194 mm　1/16
字　　数：40千字
印　　张：2.5
版　　次：2021年8月第1版
印　　次：2021年8月第1次印刷

定　　价：45.00元